百姓百味

经典
西餐与沙拉

黄 蕾 ◎主编

黑龙江科学技术出版社
HEILONGJIANG SCIENCE AND TECHNOLOGY PRESS

图书在版编目（CIP）数据

经典西餐与沙拉 / 黄蕾主编. -- 哈尔滨 ： 黑龙江
科学技术出版社，2018.3
　　（百姓百味）
　　ISBN 978-7-5388-9507-0

　　Ⅰ．①经… Ⅱ．①黄… Ⅲ．①西式菜肴－菜谱②沙拉
－菜谱 Ⅳ．①TS972.188

中国版本图书馆CIP数据核字(2018)第014232号

经 典 西 餐 与 沙 拉
JINGDIAN XICAN YU SHALA

主　　编	黄　蕾
责任编辑	焦　琰
摄影摄像	深圳市金版文化发展股份有限公司
策划编辑	深圳市金版文化发展股份有限公司
封面设计	深圳市金版文化发展股份有限公司
出　　版	黑龙江科学技术出版社
	地址：哈尔滨市南岗区公安街70-2号　　邮编：150007
	电话：（0451）53642106　传真：（0451）53642143
	网址：www.lkcbs.cn
发　　行	全国新华书店
印　　刷	深圳市雅佳图印刷有限公司
开　　本	685 mm×920 mm　　1/16
印　　张	13
字　　数	150千字
版　　次	2018年3月第1版
印　　次	2018年3月第1次印刷
书　　号	ISBN 978-7-5388-9507-0
定　　价	39.80元

序言

随着现代都市人越来越追求品质生活，大众对西餐的接受程度也越来越高。鲜嫩的牛排，香滑的浓汤，醇厚的美酒，美妙的音乐……别具风情的西餐，让人陶醉。

西餐一直以优雅与精致著称，但是往往让人心生向往却又望而却步。难道只有在一掷千金的高级西餐厅才能享受到地道的西式佳肴？当然不是！每个人都可以做出造型美观、风味正宗的西餐，为沉闷的餐桌增添浪漫的色彩。

西餐的菜式与中国菜迥然不同，无论是烹饪器具，还是选材、佐料，都别具一格，处处流露着西方饮食文化的精粹。沙拉作为西式餐点中的调味小吃，随着选材的日益广泛和制作方法的家庭化，品种也越来越繁多。新鲜的蔬果、水煮的蔬菜、鱼类、肉类和蛋类，都可以成为沙拉的主料。即便是同一种主料搭配相同的几种辅料，只要在刀工或配料程序上稍加变化，就会成为另一道沙拉。

为了让美味与美感并重的西餐走进千家万户，令每位读者都能在家烹饪西餐、享用西餐，我们特别编写了《经典西餐与沙拉》一书。本书首先概述了西餐的饮食文化，例如基本的西餐礼仪、西餐的主要菜系等。接着介绍如何制作意大利面酱、沙拉酱等西餐烹饪的基本功，并收录了百余道经典的西餐食谱，包括头盘、餐汤、主菜、主食、甜品和沙拉。每个菜例都列举了材料和详细的制作步骤，部分菜例更配有教学视频，让人一看就懂、一学就会。

目录 Contents

Chapter 1
西餐入门：带你领略优雅与浪漫

Contents

Chapter 2
经典西餐：餐桌上的西式情韵

* 三鲜红酱面

Chapter 3
缤纷沙拉：西餐中的绮丽风情

* 经典地中海沙拉

西餐入门：
带你领略优雅与浪漫

Chapter1

西餐初印象

食之味，必先知其为何物，所以在我们学做西餐之前，必须先了解西餐究竟是指哪些国家的主要饮食，它都有哪些类型。

西餐，顾名思义是指西方国家的饮食，是由它所在的特定的地理位置所决定的。东方人通常所说的西餐除了西欧国家的菜肴外，还包括东欧各国、地中海沿岸各国和一些拉丁美洲国家的饮食。其菜式料理与中国菜大不相同，其主料突出，形色美观，一般使用番茄酱、牛肉酱、香草酱、布朗酱汁、黑胡椒汁等各色酱汁进行调味，而且西餐多用蔬菜高汤、鸡骨高汤、猪骨高汤、鱼骨高汤等来烹调菜肴。他们认为，不同的料理使用不同的食材和不同的手法来熬煮成汤，不但不会破坏食材的原味，还能使食材更加美味。西餐的烹饪方式也多以煎烤为主，餐具则基本上以刀叉为主。

另外，正规西餐对于上菜顺序也有着较为严格的规定，一般情况下分为7道，即前菜、汤、副菜、主菜、沙拉、甜点和饮品。按照具体地域划分可将现代西餐分为法式菜肴、英式菜肴、意式菜肴、美式菜肴、俄式菜肴、德式菜肴和其他菜系。

不可不知的西餐礼仪

　　西餐的用餐礼仪非常的重要，它能够帮助人们进行良好的互动，让彼此的交流更加轻松、顺畅，同时也可以让自己放松心情。以下介绍的餐中礼仪是比较简单和最基本的，而且也非常实用。

餐巾的使用

　　在前菜送来之前，把餐巾打开，往内摺1/3，让2/3平铺在腿上，盖住膝盖以上的双腿部分，以便接住可能掉在大腿上的食物。最好不要使劲抖开餐巾，动作要轻柔，也不要像围围兜一样围在脖子上、塞入领口或皮带里，因为这样会显得很滑稽。

　　铺在膝上的餐巾，在必要时，可以用反折内侧的一小角轻拭嘴边的脏污。餐巾若掉在地上，应请服务员拿一块新的给你，千万不要自己趴到桌下捡拾。还有一定不要用餐巾来擦拭餐具，若餐具真的不干净，可以让服务员重新更换一份新的餐具。如果需要暂时离开座位，可将餐巾放在椅背上，这样就表示还会回来用餐。

刀叉的使用

　　刀叉的使用方式有英国式和美国式两种。

　　英国式的使用方法，要求就餐者在使用刀叉时始终用右手持刀，左手持叉，一边切割一边叉着进食。美国式的使用方法是右刀左叉，一鼓作气将要吃的食物全部切割好，再把右手的餐刀斜放于餐盘前面，将左手的餐叉换到右手，最后右手持叉进食。

喝酒的姿势

　　酒类服务通常是由服务员负责将少量的酒倒入杯中，先让客人鉴别一下品质是否有误，只需把它当成一种形式，喝一小口并回答"Good"即可。接着，侍者会过来倒酒，这时不要动手去拿酒杯，而应把酒杯放在桌上，由侍者去倒酒。

　　正确的喝酒姿势是用手指握杯脚，为避免手的温度使酒温增高，应用大拇指、中指和食指握住杯脚，小指放在杯子的底台固定。喝酒时，绝对不能吸着喝，而应倾斜酒杯，像是将酒放在舌头上似的喝。

喝汤的方式

在吃西餐时，喝汤不宜发出声音。在欧美不叫"喝汤"，而是说"吃汤"，也就是要把汤送到嘴边吃下，这样便不会发出异响。

如何享用美食

在西餐文化里，对于如何享用美味佳肴，用什么方法来食用，都是很讲究的，现在简单介绍几种菜肴的食用方法。

（1）面包的吃法

在吃面包时，先用两手将面包撕成小块，再用左手拿来吃。此外，吃硬面包时，若用手来撕面包，不但费力，而且面包屑会散落。此时可用刀先把面包切成两半，再用手撕成块来吃。还有一点要记住，避免像用锯刀似的切割面包，应先把刀刺入面包的一边，切时可用手将面包固定，避免发出声响。

（2）鱼肉的吃法

鱼肉极嫩易碎，因此餐厅不但备有餐刀，还备有专用的汤匙。这种汤匙比一般喝汤用的稍大，可以切分菜肴。先用刀在鱼鳃附近刺一条直线，刀尖不要刺透，刺入一半即可，然后将鱼的上半身挑开，从头开始，将刀叉在骨头下方往鱼尾方向划开，再把刺骨剔掉，并挪到盘子的一角，最后再把鱼尾切掉，以从左至右的顺序边切边吃。

（3）畜禽肉的吃法

吃鸡肉时，一般只吃鸡的一半。把鸡腿和鸡翅用刀叉从连结处分开，然后用叉子稳住鸡腿（鸡脯或鸡翅），再用刀把肉切成适当大小的片，而且每次只能切2～3片。吃肉排时，用叉子或尖刀插入牛排、猪排或羊排的中心，如果排骨上有纸袖，你可用手抓住来切骨头上的肉，这样就不会把手弄得油腻腻的。

（4）蔬菜的吃法

吃芦笋时，如果带有汤汁，可先将芦笋切成小块，再用刀叉取食。

番茄除了用来做沙拉外，还可以用手拿着吃，挑个小点的，正好放入嘴中。不要张嘴咀嚼，因为这样汁液会溅出来，要把嘴唇闭紧来吃。

土豆片和土豆条是用手拿着吃的。如果土豆条里有汁，就要使用叉子。小土豆条也可拿着吃，但用叉会更好。如果土豆条太大，不好取用，就用叉子叉开，不要将其挂在叉上咬着吃。把番茄酱放在盘子边上，用叉子叉着小块土豆条蘸食。还有，烤土豆在食用之前往往已被切开，可以用手或叉子将土豆掰开一点，加入奶油或酸奶、盐、胡椒粉来食用。

（5）甜品的吃法

吃冰淇淋一般使用小勺。如果与蛋糕或馅饼一起吃，或作为主餐的一部分，就要使用一把甜点叉和一把甜点勺。

吃水果馅饼通常要使用叉子。如果主人为你提供一把叉子和一把甜点勺的话，那么就用叉子固定馅饼，用勺挖着吃。除非馅饼是带冰淇淋的，在这种情况下，叉子、勺子都要使用。如果吃奶油馅饼，最好用叉而不用手，以防止馅料从馅饼一端漏出。

吃煮梨，要使用勺子和叉子，用叉子以竖直的方式把梨固定好，然后用勺子把梨挖成方便食用的小块。叉子还可用来旋转煮梨，以便挖食梨肉。当只有一把勺子时，就用手旋转盘子，把梨核留在盘内，再用勺子把糖汁舀出食用。

西餐的主要菜系

一个国家的菜肴特色与其国民性格有关。法国菜繁花似锦、风情万种，德国菜经济实惠、不讲排场，俄国菜粗犷豪放、风味浓厚……可谓是百家文化涵养百家菜。走进乱花渐欲迷人眼的西方美食大观园，哪一朵才是你情之所钟呢？

意大利菜——西餐之母

意大利民族是一个美食家的民族，古罗马时代，当平民达到了一定的烹调水准后，便可跻身贵族行列，这让意大利餐饮出现了百家争鸣的繁茂景象。今天，意大利菜被形容为"妈妈的味道"。在阳光灿烂的周日，意大利家庭中母亲常拿庭院里栽种的青菜、自养的家禽做手擀的意大利面，用母爱给食材"调味"，烹煮出满满的温馨味道。除了耳熟能详的意面，意大利的比萨、海鲜和甜品都闻名遐迩。源远流长的意大利餐，对欧美国家的餐饮产生了深厚影响，并发展出包括法国餐、美国餐在内的多种派系，故有"西餐之母"的美称。

意大利菜的主要特点是：注重传统菜肴的制作，烹饪时讲究火候；菜式汁浓味厚，讲究原汁原味；烹调以炒、煎、炸、烩见长，喜欢用橄榄油、番茄酱调味，用酒较重；意式菜以面制品见长，面食做法、吃法较多。

意式名菜有意大利面、比萨、通心粉、铁扒干贝、米兰式猪排等。

法国菜——西餐之首

法国菜浓缩了法国人的浪漫与高雅。法国人对于食物的追求，不只是填饱肚子，更是一种享受生活的态度。法国美食的特色在于使用新鲜的季节性材料，加上厨师个人独特的调理，完成独一无二的艺术佳肴极品。吃法国菜时，精巧的餐具、如画的菜肴满足视觉；扑鼻的酒香满足嗅觉；入口的美味满足味觉；酒杯和刀叉在宁静安详的空间下交错，则是触觉和视觉的最高享受。无怪乎法国菜被公认为"西餐之首"。

法国菜的主要特点是：选料广泛，用料新鲜，滋味鲜美，讲究色、香、味、形的配合；花式品种繁多，重用牛肉、蔬菜、禽类、海鲜和水果，蜗牛、龙虾、马兰、百合、黑菌等均可入菜；烹调加工时讲究急火速烹，以半熟鲜嫩为特色，如牛、羊肉只烹制五六成熟，烤鸭仅三四成熟即可食用；法国菜烹调时注重不同的菜肴搭配不同的酒来调味。

法式名菜有法式洋葱汤、法式焗蜗牛、鹅肝冻、红酒山鸡、巴黎龙虾等。

英国菜——家庭美肴

"绅士"一词最早出现在英国，其彬彬有礼、优雅得体的举止总能让女士们心动不已，而简洁与礼仪并重的英式西餐更能让全世界人痴狂。在餐厅，英国人拿到菜单会说"Thank you"，点了餐会说"Thank you"，上了菜会说"Thank you"，拿到账单还会说"Thank you"。吃英国菜，要的就是那份贵族范儿。此外，英国的饮食烹饪有着"家庭美肴"之称，用健康少油的饮食呵护全家人的健康，试问，谁又能逃得开这份家庭美肴的呼唤呢？

英国菜的主要特点是：烹调上讲究鲜嫩和原汁原味，口味清淡、少油，较少使用调味品和酒，调味品大都放在餐台上由客人自己选用；选料注重海鲜及各式蔬菜，菜量要求少而精；英式菜肴的烹调方法多以蒸、煮、烧、熏、炸见长。

英式名菜有英式烤鱼、炸薯条、烤羊马鞍、鸡丁沙拉、明治排等。

美国菜——营养快餐

美国菜是在英国菜的基础上发展起来的，继承了英式菜简单、清淡的特点。美国人喜欢吃各种新鲜蔬菜和水果，并常用水果入菜，将水果的清甜与食材融为一体，塑造出咸中带甜的口味。

随着生活方式的改变，在英国菜的基础上，美国菜也形成了自己的特色，就是讲究营养配搭和方便快捷，鸡、鱼、苹果、梨、甜橙、西蓝花、土豆、粗面包等营养食品深受美国人喜爱，以麦当劳为代

表的美式快餐更是风靡世界。

美国菜的主要特点是：简单、清淡，咸中带甜；铁扒类菜肴较多，常用水果作配料与菜肴一起烹制，如菠萝焗火腿、苹果烤鸭；营养、快捷是美国人对饮食的主要追求。

美式名菜有烤火鸡、橘子烧野鸭、美式牛扒、苹果沙拉、糖酱煎饼等。

德国菜——啤酒狂欢

德国菜不像法国菜那样加工细腻，也不像英国菜那样清淡，而是以经济实惠著称，可谓是西餐中的亲民菜，其菜品分量十足，有"欧洲版东北菜"之称。德国的啤酒举世闻名，每年九月末到十月初的慕尼黑啤酒节，不仅是德国人的盛宴，更受到全世界啤酒爱好者的热烈追捧。

德国菜的主要特点是：肉制品丰富，如驰名世界的法兰克福香肠；食用生鲜菜肴，一些德国人有吃生牛肉的习惯；口味以酸咸为主，德式菜中酸菜的使用非常普遍，经常用来做配菜；德式菜肴常用啤酒调味。

德式名菜有柏林酸菜煮猪肉、酸菜焖法兰克福肠、汉堡肉扒、鞑靼牛扒等。

俄罗斯菜——豪迈盛宴

纯银罐子里晶莹剔透的鱼子酱、辉煌的穹顶和标致的银餐具，俄罗斯美食用它们完成了许多人对于贵族生活和西餐的启蒙。常年与冰雪为伴，锻炼出俄罗斯人豪爽大气的性格，更造就了与其性格如出一辙的俄式大餐。俄餐量大实惠，油大味厚，带着股哥萨克式的粗放与豪气。俄罗斯菜有"五大领袖"，即面包、牛奶、土豆、奶酪和香肠；更有"四大金刚"，即圆白菜、葱头、胡萝卜和甜菜；以及"三剑客"，包括黑面包、伏特加、鱼子酱。民族风味浓重的俄罗斯菜，用其粗犷的画风给西餐注入了一股与众不同的阳烈之气。

俄罗斯菜的主要特点是：喜欢用鱼、肉、蔬菜作原料，选料广泛，油大味浓；制作方法以烤、熏、腌为主要特色；口味以酸、甜、咸、辣为主，喜欢用酸奶油调味；肉禽类菜肴要烹制全熟才食用。

俄式名菜有鱼子酱、俄罗斯红汤、冷苹果汤、黄油鸡卷、鱼肉包子等。

西餐的烹饪，离不开这些工具

　　西餐的烹调工具影响着菜品的味道。要想让西餐菜肴更完美，选择正确的烹调工具是一个重要的环节，一点也马虎不得。另外，正确使用刀具切割食材，不仅可以保持食材的美感，还能保留其营养成分。接下来，我们就逐一为大家介绍这些工具的用途。

打蛋器

打蛋器是厨房中必不可少的用具之一，多以不锈钢为材质。西餐中常用来打散鸡蛋，制成蛋液，或用来搅拌沙司。

电动搅拌器

电动搅拌器搅拌速度快，而且更加省力，打发的效果更好。西餐中制作蛋糕时，用它来搅拌面糊，容易让面起筋。

刨丝器

刨丝器在西餐中的应用极为广泛，是西式厨房的好帮手，可以将整块奶酪刨成丝状，也可以将蔬果刨成丝状。

挖球器

挖球器有单头的，也有双头的。双头的挖球器一般有一大一小两个头。西餐中主要用于将水果、雪糕挖成球形，用作装饰或制成花式冰淇淋。

肉锤

肉锤是典型的西式厨具之一。在西餐中，经常用来捶松肉排、砸断肉筋，使肉排的肉质更加鲜嫩，便于烹制。

厨房剪刀

厨房剪刀是一种专为厨房设计的器具。在西餐中，通常用它来开启瓶盖，也可以剪断鸡骨、夹开螃蟹或核桃等。

厨刀

厨刀是西餐中的主要刀具，刀身比较宽，刀刃为弧形，主要用来取肉、切菜、去皮等。

锯齿刀

锯齿刀刀身窄而长，刃口为锯齿形，十分锋利，经常用它来切取果肉或切割点心等。

沙拉刀

沙拉刀一般以不锈钢为材质，比厨刀的规格小，轻巧灵便，专门用来切蔬菜类的食材。

比萨刀

比萨刀半径4.5厘米左右，比其他刀具的半径大，刀刃结实耐用，而且容易清洗。西餐中主要用于切割比萨、派等。

微波炉

微波炉是在制作西餐时使用频率比较高的厨房电器之一，可以用来对食物进行烹调、解冻、加热、保鲜等。

家用烤箱

家用烤箱分为台式小烤箱和嵌入式烤箱两种。在西餐中，通常用来焗饭、烤果仁、烤肉、烘焙、解冻等。

平底煎锅

平底煎锅是一种用来煎煮食物的器具。在西餐中经常用到它，适合用来煎或炒海鲜、蔬菜类、肉类和家禽类等菜肴。

汤锅

汤锅一般以不锈钢为材质，是使用率极高的厨房工具之一。西餐中主要用来煮汤、煮粥、煮面、煮饺子、熬酱汁等。

西餐的美味，离不开这些香料

在享用西餐时，总是会看到各种稀奇古怪的香料，它们是一道西式料理中必不可少的点睛之笔，为食材增添了色彩，赋予了每一道佳肴妙不可言的好滋味。下面就为大家介绍几种比较有特色的经典香料。

薄荷
薄荷会散发出不同气味，如苹果味，幼嫩茎尖可做菜食，西餐中主要适用于烹制酱汁、羊肉，或郁香的甜点。

欧芹
欧芹是一种香辛叶菜，在西餐中应用较多，多做冷盘或菜肴上的装饰，也可做香辛调料，还可供生食。

罗勒
罗勒又叫九层塔，芳香四溢，在西餐里很常见，特别适合与番茄搭配，主要适用于肉类、海鲜、酱料中的料理。

莳萝
莳萝味辛甘甜，可作为小茴香的代用品，西餐中多用于制作沙拉、酱汁，还可以用来烹饪鱼类或肉类的菜肴。

香茅
香茅是西餐料理中常见的香草之一，因有柠檬香气，又称为柠檬草，多用于禽肉、海鲜的烹调，还可用于去除肉腥味。

鼠尾草

鼠尾草香味浓烈，在西餐中，通常用于调制馅料，以及猪肉、鸡肉、豆类、芝士或者野味材料的烹调。

牛至叶

牛至叶是西餐里烹制意大利薄饼必不可少的香料，也可以用于添香，或去除肉类的膻味。

月桂叶

月桂叶也称香叶，带有辛辣味，是欧式餐厅常用的调味料，适用于汤品与酱汁，也用于餐点装饰，使之外形更美观。

百里香

百里香是西餐烹饪中常用的香料，味道辛香，主要用来制成香料包、酱汁，作为汤、蔬菜、禽肉、鱼等的调味品。

小茴香

小茴香香气浓郁，一般使用其叶部与种子，通常用于制作西式料理中的沙拉或酱汁，也可用来烹饪肉类或鱼类等菜肴。

龙蒿

龙蒿有种大茴香的清香味，是制作酱汁、汤品的好材料，主要用于鱼肉、鸡肉、蔬菜的西餐料理中，令菜肴更美味。

意大利面的常见种类

意大利面是意式美食重要的组成部分，也是欧洲绝大多数餐馆的必备美食之一。意大利面又称意面或意粉（其中空心的种类也可称作通心粉），是西餐品种中最接近中国人饮食习惯、最容易被接受的。

意大利面之所以如此有名，与它的品质分不开。在意大利本地，意大利面被规定必须采用100%优质小麦（杜兰小麦）面粉及煮过的良质水制作，不能添加色素和防腐剂。杜兰小麦是最硬质的小麦品种，具有高密度、高蛋白质、高筋度等诸多特点，用其制成的意大利面通体呈黄色，耐煮，口感非常好。下面介绍一下意大利面的主要类型。

长形意大利面

水煮时间：8～10min

长形意大利面是最传统的意大利面，也是我们日常生活中最常见的意大利面，可以说是意大利面中百搭的基本款。这款意面，无论是和红酱、青酱，还是和白酱、黑酱，都能搭出令人难以抗拒的美味。

天使细面

水煮时间：5～8min

天使细面还有一个浪漫的名字，叫"天使的发丝"。这款意面形状细长，就像传说中天使顺滑的秀发一样，所以得此名。比起长形意大利面，天使细面更适合用来制作汤面或者凉面，能够彰显其口感。

宽扁面

水煮时间：8～10min

宽扁面比较粗厚，吃起来Q弹，有嚼劲，卷成一团，又称为鸟巢面。因为面条比较宽，适合搭配味道浓郁的酱汁，如白酱和青酱。

笔管面

水煮时间：8~10min

笔管面两端尖头，中间空心，表面略带纹路，也属于容易粘裹酱汁的类型。相较于圆润的贝壳面和蝴蝶面，中空外直的笔管面口感会更加干脆利落，一般适用于浓郁的酱汁或是奶酪焗烤的口味。

螺旋面

水煮时间：8~10min

螺旋面就像放大版的螺丝钉，其螺旋的形状能更好地将酱料卷起，是最适合用于制作沙拉的意大利面之一。比起普通的短直面，螺旋面的口感独特，弹性十足，能够给人新鲜的味觉体验。

贝壳面

水煮时间：8~10min

贝壳面就像海滩中一个个饱满的小贝壳，形状和纹路以及开口使得它非常容易粘裹酱汁，所以用来搭配酱汁或者焗烤是不错的选择。此外，它的颗粒细小且口感独特，非常适用于面条汤或冷面、沙拉等清爽的菜式。

蝴蝶面

水煮时间：10~12min

蝴蝶面的形状如同可爱逗趣的小蝴蝶结，因此称作蝴蝶面，深受儿童和女生们的喜爱。蝴蝶面两侧细柔，而中间较为厚实，其造型非常容易粘裹面酱，能够让面酱和面紧密结合，碰撞出浓郁的美味。

千层面

水煮时间：5~7min

千层面通常是在新鲜面皮中间夹入肉馅、奶酪或是蔬菜，然后层层叠起，大多为方形，用焗烤的方式料理而成，有时还会淋上一层用无盐奶油制成的白酱汁。一般家庭做千层面的话，比较出名的是肉酱千层面或者是奶酪千层面。

自制特色意大利面酱

意大利面酱主要有红酱、青酱、白酱和黑酱四种，不但颜色不同，而且风味各异。

红酱（Tomato Sauce）是一种常见的意大利面酱，主要由番茄制成，多用于比萨、意大利面等。红酱是意大利面的基础酱料，也是最为国人所接受的酱料，无论搭配哪种意面都很适合。

青酱（Pesto Sauce）主要由罗勒叶、松子、蒜末和橄榄油制成，使用起来十分方便，既可用于冷拌，又能用于炒制。青酱还可以用来涂抹面包或作为生鱼片的蘸酱，吃起来别有风味。

白酱（Cream Sauce）是由面粉、牛奶及无盐奶油为原料制成的白色酱，常用于海鲜类意大利面的烹饪。白酱的用途非常广泛，除了可以拌意面，还可以用来做比萨和浓汤。

黑酱（Squid-Ink Sauce）是以墨鱼汁为主要原料制成的酱汁，主要佐于墨鱼、鲜虾等海鲜类意大利面。由于制作黑酱需要从墨鱼囊中挤出墨汁，操作比较麻烦，加上食用黑酱后嘴巴和牙齿都会变黑，所以目前黑酱并不为国人所广泛接受。

红酱

制作时间：3min

材料 去皮番茄块200克，洋葱碎、蒜末、综合香草、黑胡椒碎、番茄酱各适量，盐少许，黄油20克

做法

❶ 平底锅放入黄油烧熔，加入洋葱碎和蒜末，炒至变色。

❷ 加入去皮番茄块，用铲子铲碎，炒至糊状。

❸ 加入综合香草、黑胡椒碎、番茄酱、盐，炒至酱汁收稠即可。

罗勒青酱

制作时间：4min

材料 罗勒叶50克，松子15克，盐、黑胡椒粉各少许，帕马森奶酪、蒜末、水、橄榄油各适量

做法

❶ 锅中注入橄榄油烧热，放入松子炒香，盛出。

❷ 将洗净的罗勒叶切碎。

❸ 将所有材料放入搅拌机中搅拌即可。

奶酪青酱

制作时间：5min

材料 罗勒叶、西芹叶各50克，松子15克，盐、黑胡椒粒各少许，水、橄榄油、帕马森奶酪各适量

做法

❶ 锅中注入橄榄油烧热，放入松子炒香，盛出。

❷ 将洗净的西芹叶、罗勒叶切碎。

❸ 将所有材料倒入搅拌机中搅拌即可。

基础白酱

制作时间：10min

材料 热牛奶500毫升，无盐黄油40克，低筋面粉40克，盐3克，白胡椒碎、肉豆蔻碎各适量

做法

❶ 平底锅中放入无盐黄油、低筋面粉，开小火，搅拌约7分钟，直至面粉糊细腻浓稠。

❷ 当锅中有小气泡冒出时，慢慢加入热牛奶，搅拌均匀，关火。

❸ 加入盐、白胡椒碎、肉豆蔻碎，拌匀调味。

奶油白酱

制作时间：8min

材料 黄油35克，洋葱末40克，面粉20克，淡奶油80克，高汤60毫升，盐3克，黑胡椒1/8小勺，白葡萄酒5毫升

做法

❶ 炒锅中放入黄油烧熔，加入洋葱末炒出香味，改小火，加入面粉炒匀。

❷ 加入淡奶油和高汤，搅拌均匀，继续加热，放入盐、黑胡椒调味。

❸ 待酱汁浓稠，倒入白葡萄酒，拌匀即可。

墨鱼煮汁

制作时间：8min

材料 墨鱼囊1个，番茄酱100克，洋葱碎、胡萝卜碎、红辣椒碎、旱芹碎各20克，白酒20毫升，蒜末、欧芹碎各适量，橄榄油1小匙

做法

❶ 挤出墨鱼囊里的墨汁装碗，备用。

❷ 平底锅中注入橄榄油烧热，放入洋葱碎、胡萝卜碎、旱芹碎，炒至微熟。

❸ 加蒜末、红辣椒碎，炒至蒜末微黄，倒入白酒，煮至挥发，加入番茄酱、墨鱼汁、欧芹碎，煮至酱汁略稠。

黑酱

制作时间：8min

材料 墨鱼囊1个，洋葱碎50克，蒜末20克，白酒50毫升，高汤80毫升，柠檬汁30毫升，月桂叶碎、水淀粉、黑胡椒粉、盐、白糖、橄榄油各适量

做法

❶ 挤出墨鱼囊里的墨汁装碗，备用。

❷ 锅中注入橄榄油烧热，放入月桂叶碎、洋葱碎与蒜末爆香，倒入墨鱼汁、柠檬汁、白酒、高汤，用小火煮2分钟。

❸ 加入黑胡椒粉、盐、白糖，用水淀粉勾芡。

沙拉制作的九个小学问

任何一道看似简单的料理，其实背后都需要花功夫。对于斑斓甜美的沙拉而言，自然也有其鲜为人知的小窍门。

选择不同颜色的蔬果

一份好吃的食物，需要色、香、味俱全。色字当头，是因为只有这份食物先满足了我们的视觉感受，才能勾起我们的食欲。所以，当我们在制作沙拉的时候，可以挑选多种色彩的蔬果，在满足我们视觉的同时，又能够补充不同的营养。

购买成熟度一致的水果

在制作水果沙拉的时候，如果有的水果因为成熟过头而变得十分松软，有的却因为青涩而坚硬无比，这会大大降低我们的美味体验。因此，我们在购买水果的时候，最好能够挑选成熟度比较一致的水果。

巧妙处理未熟透的水果

我们难免会买到一些没有熟透的水果，这样的水果吃起来会比较硬，又不够甜。因此，可预先在这些水果上撒一些白糖，令白糖完全融化，这样不仅可使水果稍变软，还能使之变得更甜。

蔬菜最好先用冰水浸泡

由于蔬菜一般会放在冰箱冷藏室中储存，可能会失去一些水分，所以应先将蔬菜放在冰水中浸泡，这样失去的水分可以恢复。这种方法处理过的蔬菜颜色比较翠绿，吃起来也会因蔬菜纤维内充满水分而觉口感清甜爽脆。

部分食材去皮后要泡柠檬冰水

由于苹果这类食材在削皮之后会快速氧化变黑，所以要准备一盆柠檬冰水（柠檬汁适量即可，目的只是要达到酸碱中和），将处理好的食材泡入冰水中，这样能避免食材氧化。

慎选搅拌用具及盛器

由于大部分的沙拉酱都含有醋的成分，所以在碗盘的选择上千万不能使用铝质的器具，因为醋汁的酸性会腐蚀金属器皿，释放出的化学物质会破坏沙拉的原味，对人体也有害。搅拌的叉匙也最好使用木质的，其次是玻璃、陶瓷材质的器具。

掌握加入沙拉酱的时机

沙拉菜品现做现吃，上桌时再将酱汁拌匀才能保证良好的口感和外观。如果过早加入，会使食材中的水分析出，从而导致沙拉的口感变差。

食材刀工要一致

将食材切成一致的形状，不仅能够让沙拉看起来美观，而且吃起来的口感也会比较一致，并且方便入口。所以在制作一份沙拉的时候，可以将食材切成相同的形状，如条、丁、片等。

橄榄油的添加有讲究

凡需要添加橄榄油的沙拉酱一定要分次加入橄榄油，并且要慢慢拌匀至呈现乳状，才不会出现不融合的分离情况。如已出现分离，则只能加强搅拌使之重新融合。

自制美味沙拉酱

我们平常购买的瓶装沙拉酱，其主要原料是植物油、鸡蛋黄和酿造醋，再加上调味料和香辛料等，是一种高热量的食物。而在家自制的沙拉酱不但天然健康，而且口味更多元化。下面将为大家介绍各种美味沙拉酱的做法。

中式沙拉酱

材料 酱油15毫升，醋15毫升，蒜末5克，盐2克，芝麻油10毫升

做法

❶ 取一小碗，倒入酱油、醋、芝麻油，充分搅拌均匀。

❷ 加入盐、蒜末，拌匀即可。

低脂沙拉酱

材料 橄榄油1大勺，酸奶2大勺，蒜末5克，盐3克，沙拉酱1小勺，黑胡椒4克

做法

❶ 取一小碗，放入蒜末、酸奶、沙拉酱、橄榄油，调匀。

❷ 放入盐、黑胡椒，拌匀即可。

猕猴桃沙拉酱

材料 蜂蜜1.5大勺，醋1大勺，洋葱35克，猕猴桃55克，盐2克

做法

❶ 将洋葱、猕猴桃切好后用搅拌机打碎，倒入碗中。

❷ 加入醋、蜂蜜、盐，搅拌均匀即可。

酸奶沙拉酱

材料 酸奶3大勺，蜂蜜1.5大勺，沙拉酱1大勺

做法

❶ 取一小碗，放入沙拉酱，加入酸奶，拌匀。

❷ 加入蜂蜜，调匀即可。

奶香沙拉酱

材料 牛奶2.5大勺，沙拉酱1大勺，蜂蜜1大勺

做法

❶ 取一小碗，放入沙拉酱，倒入牛奶，拌匀。

❷ 倒入蜂蜜，调匀即可。

简易沙拉酱

材料 酸奶3大勺，沙拉酱1大勺

做法

❶ 取一小碗，放入沙拉酱、酸奶。

❷ 充分拌匀即可。

杏仁酸奶沙拉酱

材料 沙拉酱1大勺，杏仁碎15克，酸奶3大勺

做法

❶ 将酸奶倒入碗中，加入沙拉酱，搅拌均匀。

❷ 倒入杏仁碎，继续搅拌均匀即可。

柠檬酸奶沙拉酱

材料 沙拉酱1大勺，柠檬汁1.5大勺，酸奶4大勺

做法

❶ 取一小碗，倒入沙拉酱、酸奶，搅拌均匀。

❷ 倒入柠檬汁，拌匀即可。

苹果柠檬沙拉酱

材料 柠檬50克，白芝麻2克，白糖10克，苹果
100克

做法

❶ 将苹果、柠檬切成小块，用搅拌机打碎。

❷ 取一小碗，倒入苹果柠檬汁，加入白糖、白
芝麻，拌匀即可。

蜂蜜酸奶蓝莓酱

材料 酸奶3大勺，蓝莓酱1.5大勺，蜂蜜1大勺

做法

❶ 取一小碗，放入蓝莓酱、酸奶、蜂蜜。

❷ 搅拌均匀即可。

蚝油沙拉酱

材料 沙拉酱2大勺，蒜蓉辣酱1小勺，蚝油1小
勺，花生酱1/2大勺

做法

❶ 取一小碗，放入蚝油、沙拉酱、蒜蓉辣酱、
花生酱。

❷ 搅拌均匀即可。

芝麻油橙醋酱

材料 橄榄油2大勺，醋1大勺，橙子1/2个，白糖5克，盐4克，黑胡椒4克

做法

❶ 橙子剥去皮，取果肉榨成汁。

❷ 取一小碗，倒入橄榄油、醋、橙汁，放入盐、白糖、黑胡椒，拌匀即可。

味噌沙拉酱

材料 味噌2大勺，沙拉酱2大勺，番茄酱1小勺，黑胡椒4克，西芹12克

做法

❶ 洗净的西芹切成碎丁。

❷ 取一小碗，放入味噌、沙拉酱、番茄酱，调匀，倒入黑胡椒、西芹丁，拌匀即可。

千岛酱

材料 沙拉酱2大勺，番茄酱1小勺，水煮蛋1/2个

做法

❶ 取一小碗，放入沙拉酱、番茄酱，拌匀。

❷ 将水煮蛋剁碎，放入已拌好的酱中，拌匀。

黑胡椒沙拉酱

材料 柠檬汁1.5大勺，盐3克，黑胡椒4克，沙拉酱2大勺

做法

❶ 取一小碗，放入沙拉酱、柠檬汁，拌匀。

❷ 加入黑胡椒、盐，拌匀即可。

草莓千岛酱

材料 沙拉酱2大勺，水煮蛋1/2个，番茄酱1大勺，草莓果酱1/2大勺

做法

❶ 取将水煮蛋剁碎。取一小碗，放入沙拉酱、番茄酱、草莓果酱，拌匀。

❷ 将剁碎的水煮蛋倒入拌好的酱中，搅匀即可。

芒香芥奶酱

材料 芒果50克，柠檬汁1小勺，酸奶3大勺，香葱末3克，黑胡椒粉4克，青芥末酱少量

做法

❶ 芒果取肉切成小丁，加入酸奶、柠檬汁、青芥末酱、黑胡椒粉。

❷ 撒上香葱末，拌匀即可。

苹果醋橄榄油酱

材料 苹果醋2大勺，橄榄油1大勺，黑胡椒1克，盐2克

做法

❶ 取一碗，倒入苹果醋、橄榄油，搅拌均匀。

❷ 放入盐、黑胡椒，拌匀即可。

番茄辣椒酱

材料 盐2克，黑胡椒3克，辣椒酱1大勺，柠檬汁1大勺，番茄酱2大勺

做法

❶ 取一小碗，倒入番茄酱、辣椒酱、柠檬汁，拌匀。

❷ 加入盐、黑胡椒，拌匀即可。

简易海带醋酱油

材料 水发海带70克，柠檬汁3毫升，生抽5毫升，白醋3毫升，椰子油5毫升，蜂蜜5克

做法

❶ 洗净的海带切条，切碎，放入备好的碗中。

❷ 加入生抽、白醋、柠檬汁、蜂蜜、椰子油，充分拌匀。

❸ 将入味的海带倒入备好的杯中，放在冰箱冷藏1天即可食用。

椰子油沙拉酱

材料 豆腐120克，盐2克，椰子油60毫升，蜂蜜6克，黄芥末5克，米醋5毫升，梅子醋5毫升

做法

❶ 洗净的豆腐切小块，待用。

❷ 锅中放入切好的豆腐块，注入约400毫升清水，烧开，汆煮约2分钟至断生，捞出，沥干水分，装碗。

❸ 往豆腐中倒入盐，拌匀，倒入椰子油、蜂蜜、黄芥末、米醋和梅子醋，搅匀后倒入搅拌杯中，搅拌约20秒，装杯即可。

凤尾鱼沙拉酱

材料 橄榄油3大勺，黑胡椒4克，盐3克，红葡萄酒醋1大勺，凤尾鱼（罐头）10克

做法

❶ 凤尾鱼切碎。

❷ 取一碗，倒入橄榄油、红葡萄酒醋，拌匀。

❸ 放入盐、黑胡椒、凤尾鱼碎，调匀即可。

经典西餐：

餐桌上的西式情韵

Chapter 2

开胃头盘

比利时烤菊苣 | 烹饪时间 30分钟

材料 菊苣250克，核桃仁100克，鸡肉150克，干酪120克，菠菜25克，欧芹碎5克

调料 盐2克，白糖5克，白酒、食用油各适量

做法

❶ 菊苣洗净撕片；鸡肉洗净，剁成肉泥，加少许盐、白酒，拌匀腌渍至其入味；菠菜洗净切成小片；干酪切碎。

❷ 干酪装碗，加入白糖、菠菜、欧芹碎、核桃仁及腌好的鸡肉，拌匀。

❸ 取菊苣，舀入拌好的材料，收紧口，用棉绳绑紧，打上活结，刷上食用油，撒上盐，放入预热至200℃的烤箱中，烤约8分钟至熟透，取出装盘即成。

材料 糖粉75克

低筋面粉232克

黄奶油150克

鸡蛋1个

鲜奶油140克

蛋黄60克

炼乳15克

洋菇80克

调料 细砂糖10克

洋菇蛋挞 烹饪时间 45分钟

做法

❶ 洋菇洗净，撕成条。

❷ 黄奶油加糖粉打至变白，打入鸡蛋，加入225克低筋面粉揉成面团，搓成长条形，再切成小剂子，搓圆，沾上面粉，压成面皮。

❸ 将面皮放入蛋挞模中，沿着边沿按紧。

❹ 将鲜奶油、细砂糖、蛋黄、炼乳、洋菇拌匀，倒入压好面皮的挞模中，放入210℃的烤箱，烤25分钟即可。

魔鬼蛋

烹饪时间
30分钟

材料 鸡蛋3个，生菜叶30克，香葱段10克

调料 蛋黄酱30克，法式芥末酱15克，盐、黑胡椒粉、鸡粉、橄榄油、白葡萄酒醋各适量

做法

❶ 生菜叶洗净，沥干水分，摆入盘中；奶锅中注入清水烧开，放入鸡蛋。

❷ 盖上盖，开大火煮约20分钟至熟，捞出，放凉，剥去蛋壳。

❸ 鸡蛋对半切开，分离蛋白和蛋黄，蛋黄装入碗中，蛋白底部切平。

❹ 往装有蛋黄的碗中加入适量鸡粉、黑胡椒粉、盐。

❺ 淋上蛋黄酱，加入法式芥末酱。

❻ 淋入白葡萄酒醋、橄榄油，搅拌均匀至入味。

❼ 将制好的蛋黄泥装入裱花袋，再剪去袋尖。

❽ 将蛋黄泥挤入鸡蛋白中，再放入装有生菜叶的盘中，撒入香葱段和黑胡椒粉即可。

Tips
煮好的鸡蛋可泡在凉水中放凉，更方便去壳。

材料 鹅肝100克
面包50克
黑橄榄30克
薄荷叶少许
蒜少许
洋葱少许
生粉适量

调料 橄榄油10毫升
盐少许
红酒适量

红酒鹅肝 | 烹饪时间 15分钟

做法

❶ 蒜、洋葱均洗净切末，黑橄榄去核，鹅肝沾少许生粉。

❷ 锅中注入橄榄油烧热，下入适量蒜末、洋葱末炒香，放入鹅肝煎至两面焦黄，加盐调味。

❸ 黑橄榄放入锅中，倒入红酒，待红酒被吸收后盛出。

❹ 将面包装盘，再将鹅肝放在上面，最后放上薄荷叶装饰即可。

材料　鸡蛋4个
　　　三文鱼肉100克
　　　干鱿鱼50克
　　　莴苣叶30克
　　　海苔碎适量

调料　蛋黄酱30克
　　　盐适量
　　　胡椒粉少许

海鲜魔鬼蛋 烹饪时间 20分钟

做法

❶ 锅中注水。鸡蛋清洗干净，放入锅中，大火煮至鸡蛋全熟，捞出，凉凉。

❷ 三文鱼肉清洗后，切成方丁状；干鱿鱼泡发后，洗净，切成方丁状。

❸ 鸡蛋去壳，斜切去顶部，挖出蛋黄，装碗，加入三文鱼丁和鱿鱼丁，放入盐、胡椒粉、蛋黄酱和海苔碎拌匀。

❹ 将搅拌好的蛋黄用勺装入原蛋白的窝中，制成海鲜魔鬼蛋；莴苣叶清洗干净，摆入盘中，将海鲜魔鬼蛋置于其上即可。

鱼子酱 | 烹饪时间 10分钟

材料 三文鱼120克，燕麦面包3片，番茄50 克，香葱、罗勒叶、奶酪片、奶油各适量

调料 黑鱼子酱适量

做法

❶ 番茄洗净，切成薄片。

❷ 将准备好的燕麦面包切成小片；香葱洗净，切成葱花；罗勒叶洗净；三文鱼处理干净后切成薄片。

❸ 将燕麦面包放在盘中，涂上奶油，再放上番茄片，然后摆上奶酪片，最后放上切好的三文鱼片。

❹ 舀一勺黑鱼子酱放在三文鱼上，撒上香葱，用罗勒叶点缀即可。

材料 三文鱼肉200克
　　　饼干50克
　　　甜菜根100克
　　　洋葱100克
　　　奶油150克
　　　欧芹叶少许
　　　酸豆少许

调料 橄榄油适量
　　　盐少许

奶油三文鱼 | 烹饪时间 23分钟

做法

❶ 将三文鱼肉切成3毫米厚的薄片，放入托盘中。将橄榄油涂在三文鱼上面，撒入盐，拌匀，放入冰箱中冷藏15分钟。

❷ 洋葱洗净，剥去表皮，切成细条状。

❸ 甜菜根清洗干净，放入蒸锅中，大火蒸至熟透，取出，放入凉水中冷却，用小刀削去表皮，切成细条状。

❹ 将饼干摆放在盘中，挤上奶油，再摆上甜菜根，将三文鱼片折皱，放在甜菜根上，最后撒上洋葱条、酸豆和欧芹叶作为装饰即可。

土豆饼配熏三文鱼 | 烹饪时间 23分钟

材料 土豆1个，熏三文鱼25克，柠檬2片，芝麻菜100克，蛋清少许

调料 奶酪酱15克，黑胡椒碎、盐各少许

做法

1. 芝麻菜洗净，装入盘中；熏三文鱼切成薄片；土豆洗净，削皮，放入搅拌机中，加入蛋清、盐，打匀成糊状。
2. 将土豆糊捏成饼状，放入蒸锅中蒸熟，取出，放入装有芝麻菜的盘中。
3. 将熏三文鱼置于土豆饼上，撒上黑胡椒碎。
4. 将柠檬片摆入盘中，挤入奶酪酱即成。

材料　熏三文鱼片150克
　　　无盐奶油100克
　　　奶酪80克
　　　胡萝卜50克
　　　葱花10克
　　　派皮1张
　　　龙蒿适量
　　　莳萝碎适量

调料　盐适量
　　　黑胡椒粉适量
　　　橄榄油适量

三文鱼派 | 烹饪时间 65分钟

做法

① 去皮的胡萝卜刨成细丝。

② 将派皮放进刷了橄榄油的派盘里，用汤匙切下派盘边缘多余的派皮。

③ 将部分熏三文鱼片放在派皮上，放入胡萝卜丝、盐、黑胡椒粉，加入无盐奶油抹匀，淋入橄榄油，撒入莳萝碎、葱花。

④ 将派盘放入预热至200℃的烤箱中烤15分钟，取出，将烤温降至180℃，继续烤约40分钟直到表面呈金黄色，取出。

⑤ 待三文鱼派稍凉后，切成三角块，放上余下的腌三文鱼片和奶酪，用龙蒿装饰即可。

番茄罗勒烩虾 烹饪时间 28分钟

材料 虾200克，番茄200克，土豆200克，洋葱50克，罗勒叶、蒜末各适量

调料 橄榄油10毫升，盐3克，胡椒粉3克，柠檬汁5毫升

做法

① 将所有食材洗净，虾去壳、头，留尾，挑去虾线，煮熟；番茄去皮，切块；洋葱切块；部分罗勒叶切碎；土豆去皮切波浪块，煮熟。

② 锅中注入橄榄油烧热，爆香蒜末，放入番茄块、洋葱、盐、胡椒粉、柠檬汁、罗勒碎，炒至食材熟软。

③ 盘中放上圆形的模具，将炒好的番茄洋葱装在中间，呈圆形。

④ 在上面放上煮好的土豆块，放上虾摆好，最后放上剩下的罗勒叶装饰即可。

虾仁土豆泥 | 烹饪时间 10分钟

材料 基围虾80克，熟土豆200克，姜末少许，面包糠适量

调料 盐、鸡粉各3克，生粉6克，食用油适量

做法

❶ 将熟土豆压成泥状；洗好的基围虾去头去壳，挑去虾线。

❷ 虾仁装碗，加盐、鸡粉、生粉、食用油。把土豆泥装碗，放盐、鸡粉、生粉，加入姜末。

❸ 取适量土豆泥，把虾仁裹入土豆泥中，将虾尾露在外边，裹上面包糠，制成生坯。

❹ 热锅注油，烧至五六成热，放入虾球生坯，炸约3分钟，捞出，装盘即可。

香浓餐汤

西班牙番茄冻汤

烹饪时间
15分钟

材料 黄瓜100克，番茄250
克，红彩椒、黄彩椒各50
克，洋葱15克

调料 辣椒汁10毫升，番茄酱
40克

做法

❶洗净的黄瓜去瓤，
切成丁；洗净的红彩
椒、黄彩椒均切开，
去籽，切成丁。

❷处理好的洋葱切
开，再切丁；洗净的
番茄切开，切瓣儿，
待用。

❸备好榨汁机，倒
入部分红彩椒，黄彩
椒、黄瓜，再倒入番
茄、洋葱，加入番茄
酱、辣椒汁。

❹将食材打碎至汤汁
状，倒入碗中，再放
上剩余的蔬菜丁装饰
即可。

西班牙冷菜汤 烹饪时间 33分钟

材料 黄瓜100克，番茄250克，红彩椒、黄彩椒各50克，洋葱15克，方面包2片，香菜叶少许

调料 黑胡椒粉4克，红酒醋30毫升，盐、橄榄油各适量

做法

① 将面包撕碎，装碗，淋上红酒醋拌匀。

② 红彩椒、黄彩椒均洗净，去蒂，去籽，切块；洋葱去皮、根，洗净切块；番茄、黄瓜均洗净切丁。

③ 把洋葱块、红彩椒块、黄彩椒块、一半的黄瓜丁和一半的番茄丁放入搅拌机中，加入面包碎、橄榄油，搅打成浓汤、装碗。

④ 碗中加盐、黑胡椒粉拌匀，冷藏20分钟后，放入黄瓜丁、番茄丁、香菜叶即可。

蘑菇汤

烹饪时间
25分钟

材料 口蘑90克，洋葱丝30克，黄油40克，淡奶油70克，法葱适量

调料 白兰地5毫升，盐2克，白糖2克，鸡粉少许

做法

❶ 洗净的口蘑切成片；奶锅中倒入黄油，用小火将黄油搅拌至融化。

❷ 倒入洋葱丝、大部分口蘑片，放入白兰地、清水，拌匀，煮15分钟后盛出。

❸ 榨汁机中倒入煮好的汤，将食材打碎，倒入奶锅中，煮开，加入盐、白糖、鸡粉调味。

❹ 倒入淡奶油，拌匀，盛出装碗，撒上法葱，再放上剩下的口磨片装饰即可。

意式番茄汤

烹饪时间
42分钟

材料 番茄80克，红彩椒50克，西芹30克，白扁豆40克，蔬菜高汤500毫升，蒜末、香菜叶各少许

调料 番茄酱30克，细砂糖10克，黑胡椒粉5克，盐、橄榄油各适量

做法

❶ 红彩椒洗净，去籽切小片；番茄、西芹均洗净切小片；香菜叶洗净切碎；白扁豆用清水浸泡一会儿。

❷ 锅置火上，倒入橄榄油烧熟，下西芹片、蒜末爆香，再放入番茄片、红彩椒片、番茄酱炒匀，倒入蔬菜高汤。

❸ 放入白扁豆，煮沸后改小火煮30分钟。

❹ 加盐、黑胡椒粉、细砂糖拌匀，略煮，盛入碗中，撒上香菜叶碎即可。

奶油南瓜浓汤 | 烹饪时间 40分钟

材料 南瓜250克，大豆150克，西芹15克，洋葱30克，蔬菜高汤400毫升，无盐奶油20克

调料 法式面酱25克，白胡椒粉5克，盐适量

做法

❶ 南瓜洗净去皮，去籽切片；大豆洗净加清水浸泡；西芹洗净切片；洋葱去皮切丝。

❷ 汤锅置火上，倒入无盐奶油，用小火加热；下入西芹片、洋葱丝炒香，倒入蔬菜高汤煮沸，放入南瓜片煮20分钟，至食材完全熟烂，略凉凉。

❸ 将煮好的汤料倒入搅拌机中，加法式面酱打成浆后倒回汤锅中加热，放入大豆，改小火煮至熟透，加盐和白胡椒粉拌匀，煮至汤汁浓稠，盛出即可。

材料 土豆150克

胡萝卜150克

红彩椒100克

黄彩椒100克

洋葱、番茄各50克

四季豆80克

眉豆60克

西芹30克

蔬菜高汤500毫升

薄荷叶少许

蒜末少许

调料 番茄酱30克

白胡椒粉5克

盐适量

橄榄油适量

意大利蔬菜汤 烹饪时间 40分钟

做法

❶ 土豆去皮切丁；胡萝卜去皮切片；红彩椒、黄彩椒均洗净，去籽切丁；洋葱洗净切块；番茄洗净切丁；西芹洗净切条；四季豆洗净切小段；薄荷叶洗净。

❷ 炒锅中倒入橄榄油烧热，下入洋葱块、西芹条、蒜末爆香，倒入土豆丁、胡萝卜丁、红彩椒丁、黄彩椒丁、番茄丁、四季豆，翻炒至熟。

❸ 倒入蔬菜高汤、眉豆煮沸，放入番茄酱拌匀，小火煮25分钟，加盐、白胡椒粉搅拌均匀。

❹ 煮好的汤装碗，撒上薄荷叶即可。

材料 松茸50克

洋菇40克

白玉菇35克

洋葱50克

蔬菜高汤800毫升

大蒜少许

香菜叶少许

淡奶油30克

鲜奶油60克

调料 黑胡椒粉5克

橄榄油适量

盐适量

绿色野菌汤 烹饪时间 28分钟

做法

1. 洋葱去膜切丝；松茸、洋菇、白玉菇均切片；大蒜拍碎；香菜叶切碎。
2. 锅中注入橄榄油，放入大蒜、洋葱炒香，放入松茸片、洋菇片、白玉菇片，翻炒至熟。
3. 放入蔬菜高汤和淡奶油，煮沸后放入榨汁机中搅打成浆。
4. 将搅好的浆液倒入锅中煮沸，加鲜奶油、盐、黑胡椒粉，拌匀，煮10分钟至汤汁浓稠。
5. 将汤盛入碗中，撒上香菜叶。

材料 圆白菜200克
洋葱40克
胡萝卜80克
法式面包1片
百里香3克
黄油80克
鸡汤600毫升

调料 奶酪粉50克
黑胡椒粉2克
盐适量

圆白菜奶酪浓汤 | 烹饪时间 30分钟

做法

① 洋葱去皮切碎；圆白菜洗净切碎；胡萝卜去皮，切成花片状；法式面包掰小块。

② 煎锅置火上，倒入一半的黄油烧热，放入法式面包块，煎至面包酥脆，装盘。

③ 炒锅置火上，倒入剩余黄油烧热，下洋葱碎炒香，加入圆白菜碎、鸡汤拌匀，煮沸后中火熬煮10分钟。

④ 将煮好的汤汁用搅拌机搅打成浆后，倒入汤锅中煮沸，放入胡萝卜片，煮至熟透，加盐、黑胡椒粉、奶酪粉拌匀，略煮至入味。

⑤ 将煮好的蔬菜奶酪浓汤盛入碗中，撒上煎好的法式面包块，再点缀上百里香。

材料　西蓝花200克

花菜200克

洋葱40克

樱桃萝卜50克

土豆85克

香菜叶少许

黄油80克

鸡骨高汤800毫升

百里香适量

调料　奶酪粉50克

黑胡椒粉3克

盐适量

蔬菜奶酪浓汤 烹饪时间 32分钟

做法

① 西蓝花、花菜均洗净切细碎；洋葱去皮切细碎；土豆去皮切小块；樱桃萝卜洗净切小条；百里香洗净切碎。

② 锅中注入部分黄油烧热，下洋葱碎炒香，放入西蓝花碎、花菜碎、土豆块炒匀，倒入鸡骨高汤，煮沸后改小火煮20分钟。

③ 炒锅置于火上，注入剩下的黄油，加热融化，倒入部分樱桃萝卜条，调入盐，翻炒至熟，盛出。

④ 将煮好的汤料倒入搅拌机中，打成浆，再倒回汤锅内，煮沸，调入黑胡椒粉、奶酪粉拌匀，盛入碗中，放入剩余的樱桃萝卜条和香菜叶，撒入百里香碎即可。

材料 豌豆750克
薄荷叶15克
洋葱50克
鸡骨高汤500毫升
黄油50克
面浆适量
淡奶油适量

调料 盐适量

薄荷豌豆汤 | 烹饪时间 25分钟

做法

➊ 洋葱洗净切末；薄荷叶洗净备用。

➋ 炒锅倒入黄油加热，下洋葱末炒香，放入洗净的豌豆，倒入鸡骨高汤煮沸后加盐和面浆，煮至汤汁入味。

➌ 将煮好的汤汁倒入榨汁机中搅打成浆，再把搅打好的浆液倒入汤锅中，煮沸后改小火熬煮5分钟至浓稠。

➍ 将煮好的洋葱豌豆汤盛入碗中，用淡奶油在上面裱出花的形状，再放上薄荷叶装饰即可。

奶油洋菇浓汤 |烹饪时间 25分钟

材料 洋菇150克，洋葱50克，西芹25克，蒜白20克，鸡骨高汤800毫升，黄油30克，鲜奶油60克

调料 月桂叶2片，盐、橄榄油各适量

做法

① 洋菇去根，洗净切厚片；蒜白洗净，切片；洋葱去皮，切丝；西芹洗净，切丝。

② 炒锅中放入黄油，加热融化；下洋葱丝、西芹丝、蒜白、月桂叶炒香，加入鸡骨高汤，熬煮至全部食材软化。

③ 取出月桂叶，将汤汁倒入搅拌机中搅打成浆，再放入汤锅中，加入鲜奶油、洋菇片、橄榄油、盐，煮至味道融合。

④ 将煮好的奶油洋菇浓汤盛入碗中即可。

材料 猪肉200克
火腿100克
卷心菜150克
番茄、土豆各50克
洋葱、西芹各35克
鸡骨高汤800毫升
新鲜香菜碎少许
面粉30克

调料 番茄酱35克
细砂糖10克
盐、食用油各适量

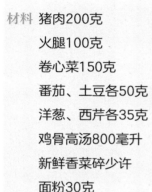

罗宋汤 | 烹饪时间 45分钟

做法

① 猪肉洗净切丁；火腿切丁；卷心菜洗净切条；番茄洗净切块；土豆、洋葱均去皮切块；西芹洗净切丁。

② 锅中注水烧开，倒入猪肉丁，焯熟捞出。

③ 炒锅注油烧热，先下入洋葱块、西芹丁、面粉，炒至香气透出。

④ 放入卷心菜、土豆块、番茄块、猪肉丁、火腿丁，加入少许盐调味，炒匀，盛出。

⑤ 汤锅置火上，倒入鸡骨高汤煮沸，倒入炒好的菜肴，加番茄酱、盐、细砂糖，中火煮30分钟；将煮好的汤汁装碗，撒上新鲜香菜碎即可。

材料 瘦肉200克

黄瓜100克

胡萝卜100克

黄彩椒50克

洋葱15克

方面包2片

鲜奶油60克

鸡骨高汤800毫升

无盐奶油30克

调料 盐、橄榄油各适量

地中海冷菜汤 | 烹饪时间 40分钟

做法

① 瘦肉、黄瓜、胡萝卜均洗净切条；黄彩椒洗净，切丁；洋葱去皮，洗净切丝。

② 将方面包撕成小块，用清水浸泡至变软；挤掉面包块中的水分，加洋葱丝拌匀。

③ 倒入无盐奶油、鸡骨高汤、鲜奶油和橄榄油，用搅拌机搅拌至汤汁浓稠柔滑，然后加入盐拌匀，放入冰箱冷藏20分钟。

④ 炒锅置于火上，注入橄榄油烧热，倒入瘦肉条、黄瓜条、胡萝卜条、黄彩椒丁，调入盐，翻炒至熟。

⑤ 从冰箱中取出冷汤，放上炒好的瘦肉和蔬菜即可。

材料 火腿150克

黄瓜100克

土豆100克

西芹、洋葱各30克

方面包适量

新鲜莳萝草少许

无盐奶油30克

鸡骨高汤800毫升

鲜奶油60克

调料 苹果醋30毫升

盐、橄榄油各适量

俄罗斯冷菜汤 | 烹饪时间 45分钟

做法

❶ 火腿切丁；黄瓜洗净切丁；土豆去皮，洗净切丁；西芹洗净，切小段；洋葱去皮，洗净切丝；新鲜莳萝草洗净切碎。

❷ 将方面包撕成小块，用清水浸软；挤掉面包块中的水分，加入洋葱丝，拌匀。

❸ 倒入无盐奶油、鸡骨高汤、鲜奶油、苹果醋和橄榄油，用搅拌机搅拌至汤汁浓稠柔滑，加盐拌匀后放入冰箱中冷藏20分钟。

❹ 炒锅中注入橄榄油烧热，倒入火腿丁、黄瓜丁、土豆丁、西芹段，调入盐炒熟；将冷汤取出，放入炒好的火腿丁和蔬菜，撒入新鲜莳萝草碎，拌匀即可。

俄式牛肉汤 | 烹饪时间 80分钟

材料 牛尾400克，番茄100克，白萝卜200克，胡萝卜120克，黄椒25克、百里香、香叶各适量

调料 盐4克，白糖10克，红酒、胡椒粉、辣汁、食用油各适量

做法

❶ 牛尾洗净斩块；番茄、白萝卜、胡萝卜洗净切块；黄椒洗净切片；牛尾下冷水锅中，氽煮去血水，洗净。

❷ 用油起锅，放入牛尾，小火煎至上色。

❸ 另起锅，注水，放入百里香、香叶、牛尾，烧开后，下番茄、白萝卜、胡萝卜、黄椒，淋入红酒，煮沸后加盖，用小火焖1小时后，加盐、白糖、辣汁调味。

❹ 撒入胡椒粉，盛入碗内即可。

匈牙利牛肉汤 |烹饪时间
45分钟

材料 牛肉350克，土豆250克，洋葱100克，红彩椒、黄彩椒各15克，青椒、欧芹各少许，牛肉汤适量

调料 盐3克，白糖5克，胡椒粉2克，红酒、白兰地、橄榄油各适量

做法

❶ 土豆去皮切丁；红彩椒、黄彩椒和青椒均洗净，去籽切丁；欧芹、洋葱均洗净切碎末；牛肉洗净切丁，用白兰地、盐腌渍10分钟至入味。

❷ 锅中倒入适量橄榄油，烧热后放入洋葱碎、欧芹碎，小火炸出香味。

❸ 倒入牛肉粒，加入土豆、红彩椒、黄彩椒和青椒，炒匀，淋入红酒。

❹ 倒入牛肉汤，煮开后用小火煮25分钟，加盐、白糖、胡椒粉调味，盛出即成。

鸡肉蔬菜汤 | 烹饪时间 70分钟

材料 鸡脯肉200克，番茄1个，南瓜、土豆各120克，豆角、香菜叶、姜片各少许，高汤适量

调料 盐3克

做法

1. 鸡脯肉洗净，斩成块；豆角洗净，切成段；南瓜、土豆去皮，洗净后切成块；番茄洗净，切成块。

2. 锅中倒入适量清水，下入姜片烧开，放入鸡脯肉汆去血水，捞出沥水。

3. 另起锅，倒入高汤，放入鸡脯肉，加盖烧开，转小火煮40分钟后，放入切好的土豆、南瓜和豆角续煮10分钟。

4. 倒入番茄块，再煮5分钟至熟，加入盐拌匀调味，撒上香菜叶即可。

芝士芦笋浓汤 | 烹饪时间 27分钟

材料 芦笋200克，洋葱50克，蛋黄20克，鸡骨高汤500毫升，无盐奶油10克，鲜奶油20克

调料 法式面酱25克，芝士粉20克，白胡椒粉5克，盐适量

做法

1. 洗净的芦笋去根部硬皮切圈；洗净的洋葱去皮切碎。

2. 汤锅置火上，倒入鸡骨高汤煮沸，放入法式面酱，搅打成浓汤；将蛋黄、芝士粉、部分鲜奶油混合拌匀，制成蛋黄芝士酱。

3. 平底锅置火上，放入无盐奶油炒至融化，下洋葱碎、芦笋圈炒匀，再倒入汤锅中，加入剩下的鲜奶油，用小火熬煮10分钟，加入盐和白胡椒粉拌匀，放入蛋黄芝士酱拌匀，装碗即可。

奶油三文鱼汤 | 烹饪时间
30分钟

材料 三文鱼300克，土豆150克，胡萝卜100
克，洋葱苗20克，鱼骨高汤800毫升，新
鲜莳萝草少许，淡奶油60克

调料 盐、橄榄油各适量

做法

1. 三文鱼洗净切大块；土豆去皮，洗净切块；胡萝卜去皮，洗净切丁；洋
   葱苗洗净切圈；新鲜莳萝草洗净切碎。
2. 汤锅置火上，倒入鱼骨高汤，煮沸，放入三文鱼肉块、土豆块、胡萝卜
   丁，改小火煮15分钟至食材熟透。
3. 加入淡奶油、盐、橄榄油，拌匀，放入洋葱苗，略煮3分钟至汤汁入味。
4. 将煮好的奶油三文鱼汤盛入碗中，撒上少许新鲜莳萝草即可。

材料 银鳕鱼200克

土豆80克

青瓜80克

红萝卜50克

西芹30克

熟鸡蛋1个

鱼骨高汤500毫升

葱花少许

新鲜莳萝草少许

调料 清酱3克

盐适量

橄榄油适量

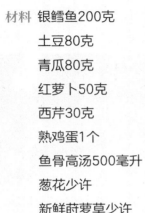

银鳕鱼清汤 | 烹饪时间 25分钟

做法

① 银鳕鱼洗净斩大块；土豆去皮，洗净切丁；青瓜洗净切块；红萝卜洗净切片；西芹、莳萝草均洗净切碎；熟鸡蛋去壳切片。

② 将鱼骨高汤倒入汤锅中煮沸，倒入银鳕鱼、土豆丁、青瓜块、红萝卜片，淋入橄榄油，小火煮10分钟至熟透。

③ 加清酱、盐调味，续煮2分钟至食材入味，放入西芹碎和葱花拌匀，将清汤装入碗中，放上熟鸡蛋片、莳萝草碎即可。

花甲椰子油汤

烹饪时间
35分钟

材料 花甲300克，洋葱150克，去皮胡萝卜120克，去皮土豆150克，豆浆200毫升，奶酪15克

调料 盐、胡椒粉各2克，椰子油3毫升

做法

❶ 洗净的洋葱去顶部、根部，切成块；洗净的胡萝卜切成丁；洗净的土豆切成丁。

❷ 锅中注水烧开，放入一半土豆丁，煮至微软，捞出，放入凉开水中。

❸ 锅中重新注水烧开，放入花甲，煮至开口，捞出，放入凉开水中浸凉。

❹ 将浸凉的花甲沥干水分，装入碗中；煮过花甲的水装碗待用。

❺ 炒锅置火上烧热，倒入椰子油、洋葱块、胡萝卜丁、剩余的土豆丁，翻炒数下。

❻ 倒入煮过花甲的水，煮沸，倒入豆浆，煮5分钟，舀出适量汤汁，炒锅转小火。

❼ 浸凉的土豆丁放入榨汁机中，倒入汤汁，搅打成浓汤，再倒入炒锅中。

❽ 放入奶酪、花甲，搅匀，加入盐、胡椒粉，搅匀，关火后盛出汤品即可。

Tips
汆烫花甲的时候应掠去浮沫，以免花甲水变浊。

诱惑主菜

材料 三文鱼250克
柠檬50克
白芝麻20克
罗勒叶少许
百里香少许

调料 橄榄油20毫升
盐5克
黑胡椒粉8克

柠檬煎三文鱼 | 烹饪时间 30分钟

做法

① 柠檬洗净切成小瓣；罗勒叶洗净切碎；百里香洗净。

② 将洗净的三文鱼放入碗中，加入适量盐、黑胡椒粉，拌匀，腌渍。

③ 锅中倒入橄榄油，烧热，放入腌渍好的三文鱼，煎至两面呈金黄色。

④ 起锅后，挤入适量柠檬汁，撒上罗勒叶、白芝麻，摆上百里香即可。

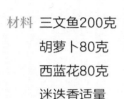

材料 三文鱼200克
胡萝卜80克
西蓝花80克
迷迭香适量

调料 盐3克
黑胡椒粉5克
橄榄油15毫升

烤三文鱼配时蔬 |烹饪时间 28分钟

做法 ————

① 胡萝卜洗净去皮，用工具刀切成圆形且表面有横杠纹；西蓝花洗净，切小朵。

② 三文鱼放入碗中，加盐、黑胡椒粉、橄榄油、迷迭香腌渍至入味。

③ 锅中加入橄榄油，烧热，放入胡萝卜和西蓝花，加入少许盐，煎至上色，关火取出，装入盘中。

④ 烤箱预热至180℃，将腌渍好的三文鱼放入烤箱中烤6分钟至熟。

⑤ 将三文鱼取出，放在煎好的蔬菜上即可。

材料 三文鱼肉200克

土豆100克

荷兰豆50克

圣女果50克

香草末适量

荷兰芹叶适量

蒜末适量

调料 橄榄油10毫升

盐3克

柠檬汁5毫升

黑胡椒碎适量

黄油适量

香炒三文鱼土豆

烹饪时间
28分钟

做法

❶ 将洗净的土豆去皮切成块状；将洗净的圣女果对半切开；将洗净的荷兰豆剔除老筋待用。

❷ 在锅中注入清水烧热，放入荷兰豆，焯至断生捞出，放入土豆煮至六成熟捞出。

❸ 热锅中注入橄榄油，放入黄油，拌至融化。

❹ 将蒜末放入锅中爆香，放入三文鱼肉煎至呈金黄色。

❺ 放入土豆块、荷兰豆与圣女果翻炒均匀，加入柠檬汁拌匀，加入适量的清水煮约2分钟。

❻ 加入盐、香草末与黑胡椒碎炒匀，将炒好的三文鱼装盘，放上荷兰芹叶即可。

材料　鳕鱼肉200克
　　　番茄100克
　　　黑橄榄100克
　　　欧芹40克
　　　蒜末少许

调料　橄榄油10毫升
　　　盐4克
　　　胡椒粉4克
　　　黑胡椒碎3克

茄香鳕鱼 | 烹饪时间 25分钟

做法

① 将洗净的番茄切成小块；将一部分黑橄榄切成小块状；欧芹切碎。

② 洗净的鳕鱼肉装碗，加入盐、胡椒粉、橄榄油拌匀，腌渍10分钟。

③ 将鳕鱼肉平铺在盘中，将盘放入烧热的蒸锅中隔水蒸7分钟至熟。

④ 另起锅，注入橄榄油烧热，加入蒜末爆香，放入番茄与黑橄榄，炒匀。

⑤ 加入黑胡椒碎、盐、胡椒粉调味，翻炒均匀。

⑥ 将鱼肉放入盘中，倒上炒好的番茄和黑橄榄，在上面撒上欧芹碎，在周边放上余下的黑橄榄装饰即成。

蜜汁猪扒
烹饪时间
45分钟

材料 猪颈肉200克

调料 生抽5毫升，蜂蜜15克，橄榄油8毫升，盐3克，鸡粉5克，黑胡椒碎、食用油各适量

做法

❶在洗净的猪颈肉上放入适量鸡粉、盐、生抽、黑胡椒碎、橄榄油、蜂蜜。

❷拌匀，腌渍约30分钟，至猪颈肉入味，备用。

❸在烧烤架上刷适量食用油，将腌好的猪颈肉放在烧烤架上，用中火烤3分钟。

❹翻面，刷上少许蜂蜜，用中火烤3分钟，再翻面，用中火烤半分钟至熟。

材料　里脊肉150克
　　　香肠80克
　　　新鲜小土豆150克
　　　樱桃小番茄140克
　　　蒜头50克
　　　干迷迭香适量

调料　橄榄油20毫升
　　　盐适量
　　　胡椒粉适量

香肠蔬菜烤里脊 | 烹饪时间 40分钟

做法

❶ 将香肠切片；洗净的新鲜小土豆切开，再改切成小瓣；洗净的蒜头横向对半切，取靠近底部的一半；干迷迭香切碎；樱桃小番茄洗净。

❷ 将里脊肉放入碗中，加入橄榄油、盐、胡椒粉，腌渍至入味；小土豆加橄榄油、盐、胡椒粉拌匀。

❸ 把里脊肉、小土豆、香肠、樱桃小番茄、蒜头均匀地放入烤盘中，撒上干迷迭香，烤箱预热至180℃，放入食材烤20分钟。

❹ 取出烤好的食材，摆入盘中即可。

材料 西班牙香肠200克
洋葱50克
欧芹10克
蒜末适量

调料 橄榄油10毫升
黄油10克
胡椒粉2克

西班牙香肠 |烹饪时间
20分钟

做法

① 将西班牙香肠切成厚薄均匀的块状；将洋葱洗净切成丝状；将欧芹洗净切碎。

② 在烧热的锅中注入适量的橄榄油，放入黄油，使之融化。

③ 放入蒜末爆香，放入香肠翻炒均匀。

④ 加入洋葱丝翻炒均匀至熟，加入胡椒粉调味。

⑤ 最后放入部分欧芹碎翻炒片刻，盛出装盘。

⑥ 在上面撒上适量的欧芹碎即可。

澳式牛肉煲 | 烹饪时间 140分钟

材料 牛肉300克，胡萝卜块、洋葱块、葱白、姜片、香叶各适量

调料 黄油30克，番茄酱12克，料酒、盐、胡椒粉各少许

做法

❶ 牛肉放入清水里浸泡15分钟去血水，再把牛肉切成小块，放入冷水锅中，加入少许料酒，水开后煮1～2分钟，去除牛肉纤维中的残留血水。

❷ 锅烧热后放入黄油，小火烧至融化，放入洋葱块煸香，加入胡萝卜块、葱白和姜片炒香，调入番茄酱，炒匀。

❸ 加入香叶，再倒入热水、牛肉块，烧开后用小火炖煮2小时，加入盐、胡椒粉调味即可。

材料 牛肉150克
罗勒叶适量
迷迭香适量
香草适量

调料 橄榄油20毫升
盐5克少许
胡椒粉少许
意大利黑醋少许
蜂蜜适量

罗勒烤牛肉
烹饪时间
30分钟

做法

① 锅中注入橄榄油烧热，放入备好的香草，炒出香味，再加入意大利黑醋、蜂蜜熬至酱汁浓稠，装入碗中待用。

② 将牛肉放入碗中，加入适量盐、橄榄油、胡椒粉，腌渍至入味，放入烤盘。

③ 烤箱预热至180℃，放入腌渍好的牛肉，烤约15分钟。

④ 取出烤好的牛肉，撒上调制的酱汁，放凉后切片，摆入盘中，撒上迷迭香。

⑤ 将清洗干净的罗勒叶排入盘中即可。

材料　牛排800克

　　　迷迭香适量

调料　白兰地30毫升

　　　盐3克

　　　黑胡椒粉5克

　　　橄榄油15毫升

迷迭香烤肉 | 烹饪时间 45分钟

做法

① 牛排放入碗中，加盐、黑胡椒粉、橄榄油、白兰地、迷迭香抹匀，腌渍入味。

② 将牛排卷成肉卷，用绳子捆紧固定，并用锡纸包裹。

③ 烤箱预热至180℃，把锡纸包裹的牛排卷放入烤箱，烤25分钟至熟。

④ 将牛排卷取出，去除锡纸，装入盘中即可。

黑胡椒牛排 | 烹饪时间 210分钟

材料 牛排200克，茄子50克，彩椒40克，香菜10克

调料 橄榄油10毫升，盐3克，黑胡椒碎5克，料酒10毫升，生抽8毫升，白胡椒粉适量

做法

1. 洗净的茄子切成薄片；洗净的彩椒切成丝。
2. 洗净的牛排用生抽、盐、料酒、黑胡椒碎、橄榄油腌渍3个小时。
3. 将牛排放到烤架上，用小火烤10分钟至汁水收干，翻面，再烤8分钟至熟。
4. 将茄片放在烤架上，刷上橄榄油，大火烤2分钟，撒上盐与白胡椒粉，翻面，用大火烤2分钟至熟；将牛排与茄片装盘，放上彩椒丝与香菜即可。

材料 牛排250克
　　　烤土豆100克
　　　香葱段适量
　　　生菜叶适量
　　　番茄适量

调料 红酒35毫升
　　　盐2克
　　　黑胡椒碎适量
　　　辣椒粉适量
　　　孜然粉适量
　　　橄榄油适量

红酒牛排 | 烹饪时间 80分钟

做法

❶ 生菜叶洗净撕片，番茄洗净对半切开，均摆入盘中；牛排洗净，用刀背拍打2分钟，加入盐、黑胡椒碎，再倒入适量红酒，腌渍1小时。

❷ 平底锅中倒入橄榄油，烧热后放入牛排用小火煎制5分钟。

❸ 锅中再倒入橄榄油，放入香葱段，倒入剩余的红酒，撒上黑胡椒碎、盐、辣椒粉、孜然粉，小火煎至牛排七成熟，盛入盘中，放上烤土豆即可。

材料 牛排200克

柠檬片20克

土豆100克

生菜50克

葱花少许

面包糠适量

蛋清30克

调料 橄榄油10毫升

盐3克

辣椒粉10克

生抽8毫升

柠檬汁适量

食用油适量

维也纳炸牛排 | 烹饪时间 85分钟

做法

① 洗净的土豆削皮，切成厚片；生菜洗净。

② 在锅中注入清水烧热，放入土豆片，撒适量的盐，淋入橄榄油，煮至熟捞出。

③ 将洗净的牛排放入碗中，加入盐、辣椒粉、生抽、柠檬汁拌匀。

④ 加入橄榄油拌匀，腌渍1个小时。

⑤ 将腌渍好的牛排沥干水，裹上蛋清，再裹上面包糠。

⑥ 在烧热的锅中注入适量的食用油烧热，放入牛排，小火炸8分钟至酥脆，捞出。

⑦ 将生菜装盘垫底，放上牛排、柠檬片和土豆片，撒上葱花装饰即可。

茴香粒烧牛柳排

烹饪时间
80分钟

材料 牛柳排200克

调料 茴香粒10克，盐3克，橄榄油15毫升，烧烤汁10毫升，蒙特利调料8克，鸡粉适量

做法

❶洗好的牛柳排装入盘中，均匀地抹上橄榄油，撒上蒙特利调料、鸡粉、盐。

❷将备好的烧烤汁均匀地淋在牛柳排上，再用手抹匀。

❸把牛柳排翻面，按照同样的方法均匀地抹上调料。

❹将茴香粒均匀地撒在牛柳排两面，腌渍约1小时，备用。

❺在烧烤架上均匀地刷一层橄榄油，把牛柳排放在烧烤架上，烤约5分钟。

❻将牛柳排翻面，刷上橄榄油，烤3分钟，再把牛柳排翻面，烤半分钟，装盘即可。

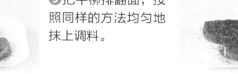

香草牛仔骨 | 烹饪时间 25分钟

材料 牛仔骨150克，干迷迭香末5克

调料 盐3克，蒙特利调料3克，鸡粉3克，橄榄油8毫升，生抽、食用油各适量

做法

 ❶在牛仔骨上撒入适量盐、鸡粉、蒙特利调料，倒入适量橄榄油，拌匀。

❷翻面，撒入适量盐、鸡粉、蒙特利调料，抹匀，倒入适量生抽，抹匀。

 ❸撒入适量干迷迭香末，腌渍10分钟至其入味。

❹在烧烤架上刷上食用油，将腌好的牛仔骨放在烧烤架上，用大火烤1分钟至变色。

 ❺翻面，用大火续烤1分钟至熟，将烤好的牛仔骨装入备好的盘中即可。

 Tips
烤牛仔骨要用大火，这样更有利于锁住营养，也更美味。

材料　牛棒骨300克
　　　土豆200克
　　　鲜迷迭香10克
　　　迷迭香末适量

调料　橄榄油15毫升
　　　盐5克
　　　柠檬汁8毫升
　　　生抽8毫升
　　　辣椒粉8克
　　　蜂蜜8克
　　　白胡椒粉适量

香草牛棒骨 烹饪时间 220分钟

做法

❶ 将土豆洗净，在锅中注入清水烧开，将土豆带皮一起煮至熟捞出。

❷ 将撕去土豆的表皮装碗待用。

❸ 将牛棒骨装入碗中，加入盐、柠檬汁、生抽、迷迭香末、辣椒粉、蜂蜜抹匀，淋上适量的橄榄油，腌渍3小时。

❹ 锅中注入橄榄油烧热，放入土豆煎至金黄色，撒上盐与白胡椒粉调味，盛出。

❺ 将烤箱温度调至160℃预热5分钟，将牛棒骨放入烤箱烤20分钟至熟，取出装盘，放上土豆，点缀上鲜迷迭香即可。

材料 羊肉300克
土豆仔50克
莳萝草末适量
西芹叶适量
面粉适量

调料 橄榄油10毫升
盐5克
柠檬汁10毫升
生抽10毫升
烤肉酱15克
黑胡椒碎5克

多汁羊肉片 烹饪时间
165分钟

做法

① 将土豆仔洗净放入锅中煮至熟，捞出，撕去外皮，待用。

② 在煎锅中注入适量的橄榄油，将土豆仔放入锅中煎至金黄之后盛出。

③ 将羊肉洗净放入碗中，加入适量盐、生抽、柠檬汁、烤肉酱拌匀。

④ 加入黑胡椒碎和橄榄油，腌渍2个小时。

⑤ 在羊肉上面裹上面粉，撒上莳萝草末。

⑥ 将烤箱温度调至180℃，预热5分钟；将羊肉用锡纸包好，放入烤箱烤25分钟。

⑦ 取出羊肉，用刀切成片状，装盘，在旁边放上土豆仔，点缀上西芹叶即可。

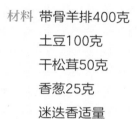

材料　带骨羊排400克

　　　土豆100克

　　　干松茸50克

　　　香葱25克

　　　迷迭香适量

调料　盐3克

　　　黑胡椒粉5克

　　　橄榄油15毫升

香烤羔羊 烹饪时间 42分钟

做法

1. 土豆洗净去皮；干松茸洗净。
2. 将带骨羊排放入碗中，加盐、黑胡椒粉、橄榄油腌渍入味。
3. 将土豆蒸熟，切成块，备用。
4. 锅中注入橄榄油烧热，放入松茸，加少许盐，煎至上色，关火取出。
5. 烤箱预热至180℃，将腌渍好的带骨羊排放入烤箱，烤15分钟至熟。
6. 将带骨羊排、土豆、松茸装盘，点缀上迷迭香和香葱即可。

材料 羊排500克
圣女果80克
青樱桃50克
新鲜迷迭香少许
迷迭香碎5克

调料 法式芥末籽酱20克
胡椒盐10克
黑胡椒粉8克
橄榄油15毫升

鲜果香料烤羊排 烹饪时间 50分钟

做法 ———

❶ 将羊排洗净，清除肋骨上的筋；圣女果、青樱桃、新鲜迷迭香均洗净，备用。

❷ 平底锅内注入适量的橄榄油，用中火烧热，放入羊排，煎至表面上色，取出，放在吸油纸上，将羊排上多余的油脂吸掉。

❸ 在煎过的羊排上均匀地抹上法式芥末籽酱，与洗净的圣女果、青樱桃一起放入烤盘，撒入胡椒盐、黑胡椒粉、迷迭香碎，再把烤盘送入预热好的烤箱，以180℃的温度烤约15分钟。

❹ 从烤箱中取出烤盘，将羊排、圣女果、青樱桃装入盘中，摆入新鲜迷迭香即可。

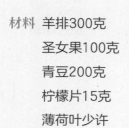

材料　羊排300克
　　　圣女果100克
　　　青豆200克
　　　柠檬片15克
　　　薄荷叶少许

调料　橄榄油10毫升
　　　盐3克
　　　蜂蜜20克
　　　柠檬汁5毫升
　　　黑胡椒粉10克

蜂蜜小羊排串茄 | 烹饪时间 150分钟

做法

① 将青豆、圣女果洗净待用。

② 将羊排洗净装入碗中，撒适量的盐，加入蜂蜜、柠檬汁、黑胡椒粉抹匀，加入橄榄油，抹匀腌渍2小时。

③ 在腌渍羊排的过程中，可将青豆放入清水中焯烫至熟，捞出。

④ 烤架上刷上橄榄油，放上羊排，小火烤8分钟，翻面，继续用小火烤8分钟。

⑤ 将圣女果放到烤架上，刷上适量的橄榄油，小火烤至皮干并裂开。

⑥ 将烤好的羊排与圣女果装盘，放上柠檬片、薄荷叶与青豆即可。

香草烧羊排

烹饪时间
50分钟

材料 羊排3根
　　　 迷迭香20克
　　　 蒜蓉适量

调料 蒙特利调料粉10克
　　　 黑胡椒碎适量
　　　 生抽适量
　　　 食用油适量

做法

❶ 处理好的羊排沿着羊骨切成三块。

❷ 将羊排上多余的骨头切除，肋骨前端的些许肉切除。

❸ 用刀背将肉轻轻敲打片刻，再将羊皮切除干净。

❹ 将羊排装入碗中，淋上食用油。

❺ 均匀地撒上蒙特利调料粉。

❻ 撒上迷迭香、蒜蓉，加入生抽。

❼ 将黑胡椒碎均匀地撒在羊排上，腌渍30分钟至入味。

❽ 将腌渍好的羊排放在烤架上，先烤5分钟至一面变色。

❾ 用烤夹将羊排翻面，继续烤至呈现金黄色。

❿ 在羊排上刷少许食用油，烤约5分钟至熟。

⓫ 再将羊排翻面，烤约2分钟。

⓬ 将烤好的羊排装入盘中即可。

材料 鸡肉200克

番茄200克

西芹少许

调料 橄榄油20毫升

盐5克

淀粉6克

生抽20毫升

黑胡椒粉8克

白胡椒粒8克

香煎鸡排 烹饪时间 28分钟

做法

① 将鸡肉洗净，加入适量盐、黑胡椒粉，淋入生抽，撒入淀粉，拌匀，腌渍15分钟，至食材入味。

② 煎锅中注入橄榄油，加热后放入腌渍好的鸡肉，煎至两面呈金黄色。

③ 将煎好的鸡肉放入盘中，撒上白胡椒粒。

④ 番茄洗净，切成小瓣，摆入盘中，再撒上切碎的西芹即可。

材料　火鸡胸肉500克
　　　蔓越莓干50克
　　　大杏仁 40克
　　　开心果 40克

调料　胡椒盐8克
　　　黑胡椒粉5克
　　　红酒30毫升
　　　橄榄油适量

烤蔓越莓鸡肉卷 | 烹饪时间 40分钟

做法

① 将火鸡胸肉洗净，切成5厘米左右的厚片，用红酒、胡椒盐腌渍片刻。

② 取出腌渍好的火鸡胸肉片，放上蔓越莓干、大杏仁、开心果，卷起来，用牙签固定好，静置10分钟。

③ 平底锅内注入适量的橄榄油，放入鸡肉卷，煎至表面上色，盛出肉卷，放入烤盘中，撒入黑胡椒粉，把烤盘送入预热好的烤箱，以180℃的温度烤约10分钟。

④ 从烤箱中取出烤盘，拔出牙签，将烤好的鸡肉卷放入盘中即可。

普罗旺斯烤蔬菜意面 | 烹饪时间 20分钟

材料 熟长意面100克，洋葱、圣女果、帕尔玛干酪碎各20克，蒜末10克，茄子、西葫芦各30克，罗勒碎、欧芹碎、百里香碎各适量

调料 橄榄油5毫升，盐2克，黑胡椒粉适量

做法

① 洗净的西葫芦、茄子去皮切块；洗净的洋葱切块；洗净的圣女果对半切开，装入大碗。

② 取一小碗，放入橄榄油、蒜末、罗勒碎、百里香碎、盐、黑胡椒粉，拌匀。

③ 倒入大碗中，使蔬果的表面裹上一层调料。

④ 将蔬菜块均匀地铺在铺了锡纸的烤盘上，放入预热好的烤箱，以上下火均为200℃烤5分钟。

⑤ 将熟长意面装盘，铺上烤好的蔬菜，撒上欧芹碎、帕尔玛干酪碎即可。

材料 熟长意面140克
　　　猪排1大块
　　　面包糠适量
　　　鸡蛋液适量
　　　西蓝花少许
　　　圣女果少许

调料 红酱2大匙
　　　橄榄油1大匙
　　　生粉、盐各适量
　　　番茄酱少许

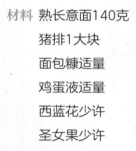

炸猪排红酱意面 | 烹饪时间 23分钟

做法

① 洗净的西蓝花切小朵；洗净的圣女果切四瓣。

② 沸水锅中倒入西蓝花氽煮至断生，捞出，沥干备用。

③ 将猪排放在案板上，用刀背在猪排的正反面敲打后，均匀地抹上盐。

④ 粘上生粉，裹上鸡蛋液，粘上面包糠。

⑤ 热锅注入橄榄油，倒入猪排煎至两面金黄，盛出，均匀切条。

⑥ 余油烧热，倒入熟长意面、红酱翻炒均匀。

⑦ 将所有食材装盘，猪排上淋上番茄酱即可。

红酱牛肉丸意面

烹饪时间
35分钟

材料 熟长意面150克，牛肉馅100克，洋葱碎适量，罗勒叶、罗勒碎、欧芹碎、帕马森奶酪粉、面粉各少许

调料 橄榄油1大匙，红酱2大匙，黑胡椒粉、盐、生抽各少许

做法

1. 牛肉馅装碗，加入罗勒碎、欧芹碎、黑胡椒粉、盐、生抽，拌匀腌渍15分钟，再加入适量面粉、清水，搅拌均匀成牛肉面糊。
2. 将制好的牛面糊搓成数个大小均匀的牛肉丸，装入烤箱，以上下火180℃烘烤10分钟，取出。
3. 平底锅中注入橄榄油烧热，放入洋葱碎爆香。
4. 倒入烤好的牛肉丸、红酱、熟长意面炒匀。
5. 盛盘，撒上帕马森奶酪粉，点缀上罗勒叶。

材料 熟长意面140克
　　　 鸡中翅6只
　　　 生菜少许

调料 橄榄油适量
　　　 红酱2大匙
　　　 盐少许
　　　 黑胡椒粉少许

盐煎鸡翅红酱意面 | 烹饪时间 30分钟

做法

① 鸡中翅洗净，在鸡翅上划斜刀，加盐拌匀，腌渍入味。

② 洗净的生菜切小段。

③ 热锅中注入橄榄油，放入鸡中翅，用慢火煎至两面金黄，盛出待用。

④ 锅中加入熟长意面、红酱翻炒均匀。

⑤ 将所有食材盛入盘中，鸡中翅撒上黑胡椒粉即可。

三鲜红酱面 烹饪时间
17分钟

材料 熟长意面180克，墨鱼肉、蛤蜊肉、虾各适量，欧芹碎、奶酪粉各少许

调料 红酱2大匙，盐适量，橄榄油1大匙

做法

① 处理好的墨鱼肉切花刀；洗净的虾去头尾，取虾肉。

② 平底锅中注入橄榄油烧热，倒入墨鱼肉。

③ 再倒入虾肉、蛤蜊肉用中火炒熟。

④ 加红酱，翻炒均匀；倒入熟长意面、盐，转小火炒1分钟。

⑤ 按个人喜好撒上适量奶酪粉和欧芹碎即可。

球子甘蓝熏肉青酱意面 | 烹饪时间 13分钟

材料 熟长意面140克，球子甘蓝10 个，熏肉1片

调料 罗勒青酱2大匙，橄榄油适量， 盐、黑胡椒粒各少许

做法

① 洗净的球子甘蓝一分为二。

② 熏肉切成2毫米宽的小条。

③ 热水锅中放入球子甘蓝，氽煮断生后捞出沥干。

④ 锅中注入橄榄油烧热，加入球子甘蓝和熏肉煎炒；倒入熟长意面、罗勒 青酱、盐，翻炒均匀。

⑤ 盛盘，磨上少许黑胡椒粒即可。

材料 熟长意面100克
　　　培根1片
　　　蒜头2瓣
　　　奶酪粉少许

调料 罗勒青酱2大匙
　　　盐少许
　　　黑胡椒碎少许
　　　橄榄油1大匙

培根青酱面 | 烹饪时间 15分钟

做法

1. 洗净的蒜头切末；培根切小块。
2. 平底锅中加入橄榄油，将蒜末爆香。
3. 倒入培根煎至微黄。
4. 倒入熟长意面翻炒均匀。
5. 撒入盐，磨入黑胡椒碎，加入罗勒青酱，炒匀。
6. 盛出，撒上适量奶酪粉即可。

黄油青酱海鲜意面 | 烹饪时间 30分钟

材料 熟长意面100克，虾仁6只，带子2只，高汤适量，黄油15克

调料 盐少许，罗勒青酱2大匙，白葡萄酒、黑胡椒粒各适量

做法

1. 锅中注水烧热，倒入带子煮至开口；加入虾仁，煮至转色；将带子和虾仁捞出沥干。
2. 平底锅中加入黄油至融化，倒入带子、虾仁，翻炒。
3. 加入白葡萄酒、罗勒青酱，翻炒。
4. 加入适量高汤，煮沸。
5. 加入盐，磨入黑胡椒粒调味，加入熟长意面翻炒即可。

青酱鱿鱼秋葵意面 | 烹饪时间 13分钟

材料 熟长意面100克，鱿鱼1小只，黄油1小块，柠檬半个，秋葵2根

调料 罗勒青酱2大匙，盐、黑胡椒碎各少许

做法

① 洗净的鱿鱼去骨切花刀，装碗，加入少许盐，挤入柠檬汁，腌渍3分钟。

② 洗净的秋葵去头尾，切圈。

③ 平底锅用小火加热，放入黄油至融化，放入切好的鱿鱼，煮至其卷起。

④ 加入秋葵，翻炒至熟。

⑤ 倒入熟长意面，加入罗勒青酱、黑胡椒碎，翻炒均匀即可。

材料　熟蝴蝶面100克
　　　高汤50毫升
　　　西葫芦30克
　　　茄子30克
　　　红彩椒20克
　　　黄彩椒20克
　　　红葱头1个
　　　欧芹碎少许
　　　奶酪碎适量

调料　橄榄油2小匙
　　　基础白酱120克
　　　盐2克

田园时蔬蝴蝶面 烹饪时间 20分钟

做法

① 洗净的彩椒切小条；去皮洗净的红葱头对半切开，剥成片；洗净的西葫芦和茄子切圆片。

② 锅中注入橄榄油烧热，放入红葱头，炒香。

③ 放入彩椒、西葫芦、茄子炒软，加入盐调味。

④ 加入熟蝴蝶面，稍拌匀。

⑤ 倒入基础白酱、高汤、奶酪碎，煮至酱汁与面条充分混合。

⑥ 盛出煮好的蝴蝶面，撒上欧芹碎即可。

三色白酱笔管面 | 烹饪时间 13分钟

材料 熟笔管面120克，豌豆荚、洋葱各60克

调料 橄榄油1大匙，基础白酱120克，盐、黑胡椒粒各少许

做法

1. 洗净的豌豆荚去丝；洗净的洋葱斜切成块。
2. 锅中注入橄榄油烧热，放入洋葱块炒香，加入豌豆荚炒熟。
3. 加入基础白酱、熟笔管面，翻拌均匀。
4. 撒上黑胡椒粒、盐，煮至汤汁浓稠即可。

材料 熟千层面3片

南瓜100克

洋葱1/4个

马苏里拉芝士碎60克

欧芹碎少许

蒜末少许

牛奶适量

调料 橄榄油1小匙

奶油白酱120克

南瓜焗烤千层面 | 烹饪时间 25分钟

做法

❶ 洗净的南瓜去皮去籽，切块；洗净的洋葱切碎。

❷ 锅中注入橄榄油烧热，放入蒜末、洋葱碎炒香。

❸ 加入南瓜块、牛奶，煮至南瓜熟软。

❹ 关火，用锅铲把南瓜捣烂，倒入奶油白酱拌匀。

❺ 取一烤碗，铺上一张熟千层面片，倒入一层煮好的奶油白酱，撒上一层马苏里拉芝士碎，依此顺序重复至铺满烤碗。

❻ 将烤碗放入预热好的烤箱，以上下火200℃烤5分钟至表面微黄。

❼ 取出烤碗，撒上欧芹碎即可。

菠萝鸡肉焗烤笔管面

烹饪时间
25分钟

材料 熟笔管面120克，鸡胸肉50克，芝士片1片，菠萝1个，青椒丁、红椒丁各20克

调料 橄榄油1小匙，盐2克，黑胡椒粉适量，料酒、生粉各少许，奶油白酱120克

做法

❶ 洗净的菠萝保留头尾，削去菠萝身的1/3，取果肉切小块，用锡纸包覆菠萝壳，放入烤盘。

❷ 洗净的鸡胸肉切丁，装碗，加入盐、料酒、生粉，拌匀，腌渍至入味。

❸ 锅中注入橄榄油烧热，倒入鸡胸肉炒熟，加入青椒丁、红椒丁、菠萝块炒匀，撒上黑胡椒粉。

❹ 放入熟笔管面、奶油白酱拌匀，关火，将炒好的食材装入菠萝壳中，铺上芝士片，放入预热好的烤箱中，以上下火均为180℃烤5分钟至表面微黄即可。

紫苏松子意面 | 烹饪时间 13分钟

材料 熟长意面100克，紫苏、松子各 30克，帕尔玛干酪碎20克

调料 橄榄油1小匙，黑酱50克

做法

1. 洗净沥干的紫苏切丝，备用。
2. 锅中注入橄榄油烧热，放入紫苏丝炒香，加入松子炒香，盛出，备用。
3. 锅中放入熟长意面，倒入黑酱炒匀。
4. 装盘，放上紫苏丝、松子，撒上帕尔玛干酪碎即可。

材料 熟笔管面100克

烟熏肠50克

玉米粒30克

口蘑30克

青豆20克

帕尔玛干酪碎适量

面包糠适量

欧芹碎少许

调料 橄榄油1小匙

墨鱼煮汁50毫升

烟熏肠焗烤笔管面 烹饪时间 25分钟

做法 —————————

❶ 洗净的口蘑切片；烟熏肠切薄片，备用。

❷ 锅中注入橄榄油烧热，放入烟熏肠炒香，加入玉米粒、口蘑、青豆同炒至熟。

❸ 加入熟笔管面，倒入墨鱼煮汁拌匀，煮至酱汁收稠。

❹ 装碗，撒上帕尔玛干酪碎，铺上面包糠。

❺ 将烤碗放入预热好的烤箱，上下火均为180℃，烤5分钟至表面微黄。

❻ 取出烤好的食材，撒上欧芹碎即可。

芦笋鳕鱼宽扁面 | 烹饪时间 30分钟

材料 熟宽扁面、鳕鱼肉各100克，芦笋60克，红葱头1个，黄油10克，高汤适量

调料 橄榄油1小匙，盐2克，黑胡椒粉少许，柠檬汁1小匙，墨鱼煮汁60毫升

做法 ————

❶ 洗净的鳕鱼肉切片；洗净的芦笋去除尾部老硬部分，斜切成段；洗净的红葱头切碎。

❷ 鳕鱼肉用柠檬汁、盐、黑胡椒粉抹匀腌渍。

❸ 锅中注入橄榄油烧热，放入红葱头炒香，加入芦笋段，倒入高汤，煮至芦笋熟软，捞出。

❹ 锅中放入黄油烧融，加入腌好的鳕鱼片，煎至两面微黄，盛出。

❺ 取一盘，放上熟宽扁面，淋入墨鱼煮汁拌匀，放上鳕鱼片及芦笋段即可。

素食口袋三明治

烹饪时间
6分钟

材料 吐司4片，生菜叶2片，黄瓜片
适量，番茄1片

调料 沙拉酱适量

做法 ────────────────────────────

① 取一片吐司，刷上沙拉酱，放上黄瓜片，再刷上沙拉酱。

② 放上一片吐司，涂一层沙拉酱，放上洗净的生菜叶，生菜叶上再刷一层
沙拉酱。

③ 放上吐司，刷上沙拉酱，放上番茄片，番茄上刷少许沙拉酱。

④ 盖上一片吐司，三明治制成。

⑤ 用刀将三明治切成两个三角状，装盘即可。

香烤奶酪三明治

烹饪时间
10分钟

材料 奶酪1片，吐司2片

调料 黄油适量

做法

❶取一片吐司，均匀涂抹上黄油，放上奶酪片。

❷抹上黄油，再盖上一片吐司，即制成三明治。

❸备好烤盘，放上三明治。

❹将烤盘放入烤箱中，温度调至上、下火170℃，烤5分钟至熟，取出烤盘。

❺将烤好的三明治切成两个长方状。

❻将两个长方状的三明治叠在一起，装盘即可。

全麦早餐三明治

烹饪时间
7分钟

材料 全麦吐司、黄瓜各4片，
熟火腿、番茄各1片

调料 沙拉酱适量

做法

❶取一片全麦吐司，
刷上沙拉酱，再放上
番茄。

❷放上一片吐司，刷
一层沙拉酱，放入火
腿，涂上沙拉酱。

❸放上一片吐司，刷
上沙拉酱，再放上黄
瓜片。

❹盖上一片吐司，用
手稍稍按压，即制成
三明治。

❺用刀将三明治切成
两个长方状。

❻将切好的三明治装
盘即可。

早餐三明治

烹饪时间
10分钟

材料 火腿、番茄各1片，鸡蛋1
个，吐司4片

调料 沙拉酱适量，食用油少许

做法

❶ 煎锅注油，放入火腿，煎至两面微黄，装盘。

❷ 锅留底油，打入鸡蛋，煎约1分钟至熟，装盘。

❸ 取一片吐司，刷上沙拉酱，放上煎好的火腿，刷上沙拉酱。

❹ 放上一片吐司，刷上沙拉酱，放上煎鸡蛋，涂抹沙拉酱。

❺ 放上一片吐司，刷上沙拉酱，放上番茄片，盖上吐司，三明治制成。

❻ 用刀将三明治切成两个长方状后装盘。

谷物贝果三明治 |烹饪时间 10分钟

材料 谷物贝果、鸡蛋各2个，生菜叶、番茄、火腿各2片

调料 蛋黄沙拉酱、色拉油各适量

做法

① 煎锅中注入色拉油烧热，放入火腿片，煎至微黄后盛出。

② 锅中加少许色拉油烧热，打入鸡蛋，用小火煎成荷包蛋。

③ 用蛋糕刀将谷物贝果切成两半，分别刷上一层蛋黄沙拉酱。

④ 放上生菜叶、荷包蛋，刷上一层蛋黄沙拉酱，加入火腿片，再刷上一层蛋黄沙拉酱。

⑤ 放上番茄片，盖上另一块谷物贝果，将做好的三明治装入盘中即可。

芝麻贝果培根三明治

烹饪时间 8分钟

材料 芝麻贝果1个，生菜叶、番茄各 2片，培根1片，黄瓜4片

调料 色拉油、蛋黄沙拉酱各适量

做法

❶ 煎锅中倒入色拉油烧热，放入培根，煎至焦黄色后盛出。

❷ 用蛋糕刀将芝麻贝果平切成两半，分别刷上一层蛋黄沙拉酱。

❸ 放上备好的生菜叶、番茄、培根、黄瓜片。

❹ 盖上另一块芝麻贝果，制成三明治，装入盘中即可。

白芝麻培根三明治

烹饪时间
10分钟

材料 白芝麻法棍、鸡蛋各2个，番茄、生菜叶、培根各2片，黄瓜4片

调料 蛋黄沙拉酱、色拉油各适量

做法

① 煎锅中倒入色拉油烧热，放入培根片，煎至焦黄色后盛出。

② 煎锅中再倒入适量色拉油烧热，打入鸡蛋，用小火煎成荷包蛋后盛出。

③ 用蛋糕刀将法棍面包平切成两半，再加法棍从中间断开，分别刷上一层蛋黄沙拉酱。

④ 放上洗净的生菜叶、荷包蛋、培根片、黄瓜片、番茄片，盖上另一半面包，制成三明治。

⑤ 依此完成另一个三明治的制作，将做好的三明治装入盘中即可。

蔬菜比萨 |烹饪时间 85分钟

材料 高筋面粉200克，酵母3克，黄油20克，鸡蛋
1个，芝士丁40克，西葫芦丁、茄子丁、彩
椒丁各适量，水适量

调料 盐1克，白糖10克

做法

1. 高筋面粉倒入案台上，用刮板开窝，加入水、白糖、酵母、盐，搅匀，放入鸡蛋，搅散。

2. 刮入高筋面粉，倒入黄油，混匀，将混合物搓揉至纯滑面团。

3. 取一半面团，用擀面杖擀成圆饼状面皮，将面皮放入比萨圆盘中，用叉子在面皮表面扎出小孔。

4. 将面皮放置常温下发酵1小时，再铺上茄子丁、西葫芦丁、彩椒丁、芝士丁，比萨生坯制成。

5. 预热烤箱，温度调至上下火200℃，放入比萨生坯，烤10分钟至熟，取出即可。

奥尔良风味比萨 烹饪时间
85分钟

面皮 高筋面粉200克，酵母3克，黄奶油20克，水80毫升，盐1克，白糖10克，鸡蛋1个

馅料 瘦肉丝50克，玉米粒40克，青椒丁、红彩椒丁各40克，洋葱丝40克，芝士丁40克

做法

❶ 高筋面粉倒在案台上，加水、白糖、酵母、盐、鸡蛋搅散，倒入黄奶油，揉成纯滑面团；取一半面团，用擀面杖均匀擀成圆饼状面皮。

❷ 将面皮放入比萨圆盘中，使面皮与比萨圆盘完整贴合；用叉子在面皮上扎出小孔；放置常温下发酵1小时。

❸ 在发酵好的面皮上撒入玉米粒、洋葱丝、青椒丁、红彩椒丁、瘦肉丝、芝士丁，比萨生坯制成。

❹ 预热烤箱，上、下火均调为200℃，将比萨生坯放入烤箱中烤10分钟即可。

面皮 高筋面粉200克
　　　酵母3克
　　　黄奶油20克
　　　水80毫升
　　　盐1克
　　　白糖10克
　　　鸡蛋1个

馅料 洋葱丝30克
　　　玉米粒30克
　　　香菇片30克
　　　青椒丁40克
　　　火腿丁50克
　　　番茄片45克
　　　芝士丁40克

火腿鲜菇比萨 | 烹饪时间 90分钟

做法

❶ 高筋面粉倒入案台上，加水、白糖、酵母、盐、鸡蛋，搅散，倒入黄奶油，将混合物搓揉至纯滑面团；取一半面团，用擀面杖均匀擀成圆饼状面皮。

❷ 将面皮放入比萨圆盘中，稍加修整，使面皮与比萨圆盘完整贴合。

❸ 用叉子在面皮上均匀地扎出小孔；处理好的面皮放置常温下发酵1小时。

❹ 在面皮上撒入玉米粒、火腿丁、香菇片、洋葱丝、青椒丁、番茄片、芝士丁，比萨生坯制成。

❺ 烤箱温度调至上、下火200℃，将比萨生坯放入烤箱中烤15分钟即可。

培根比萨 烹饪时间 140分钟

材料 高筋面粉60克
温水100毫升
酵母粉3克
圆椒块10克
红彩椒块10克
洋葱块10克
培根3条
芝士碎10克

调料 盐2克
鸡粉3克
白糖15克
食用油10毫升
橄榄油适量
比萨酱40克

做法

❶将高筋面粉倒在台面上后，用刮板开窝。

❷加入酵母粉、盐、鸡粉、白糖、食用油，拌匀。

❸倒入温水，用刮板刮入面粉，将材料拌匀，揉成光滑的面团。

❹将揉好的面团压扁后，用擀面杖将其擀成比萨圆盘大小的面皮。

❺将面皮放入比萨圆盘中，使面皮和盘完整贴合。

❻用叉子在面皮上均匀地扎出小孔后，放置常温下发酵2个小时。

❼将比萨酱在发酵好的面皮上抹匀。

❽热锅中注入适量橄榄油烧热，放入备好的培根。

❾将培根煎至转色并散发出香味，盛出，切成小块。

❿将圆椒块、红彩椒块、洋葱块、培根块均匀地铺放在比萨面皮上。

⓫再撒上芝士碎，比萨生坯制成，备好烤箱，放入比萨生坯。

⓬将上火温度调至200℃，下火温度调至190℃，烤12分钟，取出即可。

材料 香梨200克

黑巧克力80克

椰子片10克

巧克力酱浇香梨 | 烹饪时间 10分钟

做法 ————

① 将洗净的香梨削皮，但要保持完整的形状与蒂柄。

② 把香梨放到盘中。

③ 黑巧克力装入碗中，隔水煮至全部融化。

④ 将融化的黑巧克力液浇在香梨上。

⑤ 将椰子片撒在梨上即可。

巧克力草莓 | 烹饪时间 20分钟

材料 草莓150克，黑巧克力适量

做法

① 将草莓用清水冲洗干净，放入备好的盘中，待用。

② 取出备好的黑巧克力，将黑巧克力刨成丝。

③ 置锅火上，烧热，放入黑巧克力丝，加热至黑巧克力融化。

④ 将草莓底部约2/3均匀的蘸上融化了的黑巧克力。

⑤ 将沾有黑巧克力的草莓放入冰箱，冷冻至巧克力凝固即可。

材料 牛奶250毫升
芒果肉30克
芒果布丁粉30克
吉利丁片4片

芒果布丁 烹饪时间 80分钟

做法

① 将吉利丁片放入装有凉水的容器中浸泡片刻。

② 奶锅置于灶上，倒入牛奶、芒果肉，开小火加热煮至果肉融化。

③ 再倒入芒果布丁粉，匀速搅拌使其融化。

④ 将泡软的吉利丁片捞出，沥干水分，放入奶锅中，搅拌均匀。

⑤ 将煮好的材料倒入模具中，凉凉片刻。

⑥ 放入冰箱冷藏1小时使其完全凝固，再将布丁拿出倒扣入盘中脱模即可。

材料 蛋黄80克

　　　 蛋白120克

　　　 牛奶500毫升

　　　 奶油125克

　　　 细砂糖150克

　　　 草莓少许

草莓牛奶冰淇淋 | 烹饪时间 320分钟

做法

❶ 草莓洗净，切开，备用。

❷ 将细砂糖、奶油加入蛋黄中，混和均匀。

❸ 加热的牛奶倒入细砂糖、奶油与蛋黄中，用微火加热搅拌，降温至有稠度。

❹ 将蛋白打发成奶油状，倒入上述的混合液中拌匀，即成冰淇淋浆。

❺ 冰淇淋浆放入冰箱冷冻5小时，取出，用挖球器挖成球状，装入碗中，放上草莓即可。

舒芙蕾 | 烹饪时间 45分钟

材料 细砂糖100克

蛋黄45克

淡奶油40克

芝士250克

玉米淀粉25克

蛋白110克

塔塔粉2克

糖粉适量

做法

❶将50克细砂糖、淡奶油倒进奶锅中，开小火煮融。

❷加入芝士，搅拌至融化，关火。

❸将蛋黄、玉米淀粉倒入备好的容器中，搅拌均匀。

❹倒入已经煮好的材料，充分搅拌，制成蛋黄糊待用。

❺另备容器，将蛋白、塔塔粉、50克细砂糖倒入其中。

❻拌匀打发至鸡尾状，制成蛋白糊。

❼用刮板将蛋白糊刮入蛋黄糊中，搅拌均匀。

❽把拌好的食材倒入备好的模具杯中，约至八分满。

❾将模具杯放入烤盘，在烤盘中加入少许清水。

❿打开烤箱，将烤盘放入烤箱中。

⓫以上、下火均为180℃烤约30分钟至熟，取出，放入备好的盘中。

⓬最后将糖粉过筛到舒芙蕾上即可。

浓情布朗尼

烹饪时间 40分钟

材料 巧克力液70克，高筋面粉35克，鸡蛋1个，黄油85克，核桃碎35克，香草粉2克，细砂糖30克

做法

❶ 将细砂糖、黄油倒入容器中，搅匀。

❷ 加入鸡蛋，搅散，撒上香草粉，倒入高筋面粉，拌匀。

❸ 注入巧克力液，拌匀，倒入核桃碎，匀速地搅拌片刻，至材料充分融合，待用。

❹ 取备好的模具，内壁刷上一层黄油。

❺ 再盛入拌好的材料，铺平、摊匀，至八分满，即成生坯。

❻ 烤箱预热，将生坯放入烤箱中。

❼ 关好烤箱门，以上、下火均为190℃的温度烤约25分钟，至食材熟透。

❽ 断电后取出烤好的成品，放凉后脱模，摆在盘中即可。

材料 海绵蛋糕1个
芒果肉粒200克
细砂糖40克
鱼胶粉9克
开水40毫升
植物鲜奶油250克
白兰地5毫升
QQ糖15克
橙汁45毫升

芒果慕斯蛋糕 | 烹饪时间 130分钟

做法

❶ 用蛋糕刀将蛋糕顶部切平，再分切成3片，取一片蛋糕放入圆形模具里。

❷ 把开水倒入锅中，加入鱼胶粉、白兰地、细砂糖，煮至融化，倒入橙汁，加入植物鲜奶油，拌匀。

❸ 倒入芒果肉粒，搅匀，制成芒果慕斯浆。

❹ 取适量芒果慕斯浆倒在模具蛋糕上；盖上一片蛋糕，再倒入适量慕斯浆。

❺ 放上QQ糖，将蛋糕生坯放入冰箱冷冻2小时至成型。

❻ 将冷冻好的蛋糕取出脱模，装入盘中即可。

脆皮泡芙

烹饪时间
80分钟

脆皮 细砂糖120克
牛奶香粉5克
奶油100克
低筋面粉100克

泡芙 鸡蛋2个
奶油100克
牛奶100毫升
清水65毫升
高筋面粉65克

装饰 樱桃适量

制作脆皮

❶ 将低筋面粉倒在案板上，加入牛奶香粉，开窝。

❷ 倒入奶油，撒上细砂糖。

❸ 混合均匀至奶油融化，制成面团。

❹ 将面团揉成圆条状，用保鲜膜包好，冷藏约30分钟。

制作泡芙浆

❶锅置火上烧热，倒入适量清水，注入备好的牛奶。

❷放入适量奶油，轻轻搅拌一会儿，用中小火加热，至其融化。

❸关火后倒入高筋面粉，搅拌均匀。

❹分次打入鸡蛋，搅拌一会儿，至材料呈糊状，制成泡芙浆。

❺取一裱花袋，盛入泡芙浆，装好后剪开袋底，待用。

❻烤盘中平铺上锡纸，慢慢地挤入泡芙浆，呈宝塔状，制成泡芙生坯。

❼取冷藏好的面团，去除保鲜膜，再切成若干薄片，即成脆皮。

❽将脆皮放在泡芙生坯上，摆放好，制成脆皮泡芙生坯，待用。

❾烤箱预热，放入烤盘。

❿烤箱温度上火调为190℃，下火调为200℃，烤约20分钟至熟，取出。

⓫将烤熟的脆皮泡芙摆在盘中，点缀上樱桃即可。

Tips

制作泡芙浆时，应趁热倒入高筋面粉，这样搅拌时会轻松一些。

可丽饼 | 烹饪时间 45分钟

材料 黄奶油15克，低筋面粉100克，鲜奶250毫升，鸡蛋 3个，打发鲜奶油、草莓、蓝莓、黑巧克力液各适量

调料 白砂糖8克，盐1克

做法

1. 鸡蛋打入碗中，放入白砂糖、鲜奶、盐、黄奶油，搅拌均匀。

2. 将低筋面粉过筛至碗中，拌至呈糊状，放入冰箱冷藏30分钟。

3. 煎锅烧热，倒入面糊煎至金黄色饼状，折两折，装盘；将剩余的面糊煎成面饼，以层叠的方式装盘。

4. 裱花袋尖端部位剪开，倒入打发鲜奶油，在每一层面饼上和盘子两边挤上鲜奶油，将草莓摆在盘子两边的鲜奶油上，撒入蓝莓。

5. 将黑巧克力液倒入裱花袋中，在尖端剪一个小口，在面饼上快速来回划几下即可。

格子松饼 | 烹饪时间 20分钟

材料 黄油30克，蛋黄60克，蛋白60克，低筋
面粉180克，泡打粉5克，鲜奶200毫升

调料 细砂糖75克，盐2克

做法

❶取一个大容器，加入蛋白、细砂糖，用搅拌器打匀，将蛋白打发至呈鸡尾状。

❸将打好的蛋白部分倒入蛋黄，用刮板搅拌均匀制成面糊。

❺盖上盖，定时1分钟至松饼成形，取出装盘，分切好即可。

❷另备一个容器，倒入黄油、蛋黄，加入低筋面粉、泡打粉、鲜奶、盐，打匀。

❹备好松饼机，温度调至150℃预热2分钟，将面糊倒入松饼机，加热至开始冒泡。

Tips

松饼机内部有很多边角，倒面糊时要注意均匀。

材料　低筋粉180克

　　　泡打粉5克

　　　蛋清100克

　　　蛋黄100克

　　　草莓块40克

　　　纯牛奶200毫升

　　　软化的黄奶油30克

　　　黄油适量

调料　细砂糖75克

　　　糖浆40克

　　　盐2克

华夫饼 | 烹饪时间 22分钟

做法

① 将细砂糖、纯牛奶倒入碗中，拌匀，加入低筋粉，搅拌均匀。

② 倒入蛋黄、泡打粉、盐，拌匀，再倒入软化的黄奶油，搅拌均匀，呈糊状。

③ 将蛋清倒入另一个碗中，打发，倒入蛋黄糊中，搅拌均匀。

④ 华夫炉预热至200℃，在炉上涂上黄油，至黄油融化。

⑤ 将拌好的浆糊倒入炉具中，至起泡，盖上盖，压着烤2分钟至其松脆。

⑥ 将烤好的华夫饼直接装到盘中，淋上糖浆，放上草莓块装饰即可。

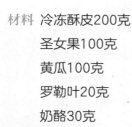

材料 冷冻酥皮200克
圣女果100克
黄瓜100克
罗勒叶20克
奶酪30克

调料 蛋黄酱100克

圣女果奶酪派 | 烹饪时间 40分钟

做法

① 将洗净的圣女果对半切开；洗净的黄瓜切成薄片；奶酪切块待用。

② 将冷冻酥皮放到派盘中，使周边粘合；将圣女果与黄瓜放到酥皮上，倒入蛋黄酱，抹匀。

③ 将烤箱温度调成上下火170℃预热。

④ 将派盘放入预热好的烤箱，烤15～20分钟至金黄色。

⑤ 将派盘从烤箱中拿出，将派从塔盘中取出装盘。

⑥ 将罗勒叶与奶酪放到派上装饰即可。

缤纷沙拉：

西餐中的绮丽风情

果蔬沙拉

覆盆子菠萝沙拉 |烹饪时间 5分钟

材料 香蕉50克，猕猴桃50克，菠萝50克，蜜橘40克，番石榴40克，覆盆子30克，石榴15克，薄荷叶5克

调料 白糖适量，苹果醋适量

做法

❶ 菠萝去皮洗净，切块；覆盆子洗净。

❷ 石榴剥开，取籽，待用。

❸ 猕猴桃去皮洗净，切成片。

❹ 香蕉去皮，切成块。

❺ 番石榴洗净，切成块。

❻ 蜜橘去皮，剥成瓣。

❼ 将上述水果装入盘中，撒上白糖，淋入苹果醋，用薄荷叶装饰即可。

双瓜石榴沙拉 | 烹饪时间 5分钟

材料 西瓜70克，哈密瓜70克，石榴
20克，薄荷叶5克，酸奶50克

做法 ───────────────────────────

❶ 石榴用清水洗净，剥开，取出石榴籽。

❷ 哈密瓜去皮去籽，切块。

❸ 西瓜用清水洗净，去皮，切成小方块。

❹ 将处理好的石榴、哈密瓜、西瓜装碗。

❺ 浇上酸奶，放入洗净的薄荷叶即可食用。

草莓奶酪沙拉 烹饪时间 5分钟

材料 草莓50克，奶酪50克　　　　　　　**调料** 蜂蜜10克，沙拉酱10克

做法

① 取出备好的草莓，用清水将草莓洗净，捞出，沥干水分，装碗备用。

② 取出奶酪，将奶酪切成合适的大小，装入碗中，再放入洗净的草莓。

③ 食用时，加入沙拉酱、蜂蜜即可。

草莓提子沙拉 |烹饪时间 5分钟

材料 草莓60克，杨桃60克，梨60克，青提40克，紫提40克

调料 沙拉酱10克，白糖适量，苹果醋适量，鸡尾酒适量

做法

① 梨去皮洗净，去核，切小块。

② 草莓去蒂，洗净，切小块。

③ 杨桃切片；青提、紫提均洗净。

④ 将梨、草莓、杨桃、提子一起放入碗中，加白糖、苹果醋，调入鸡尾酒拌匀，食用时加沙拉酱即可。

草莓香蕉猕猴桃沙拉|烹饪时间 3分钟

材料 香蕉50克，草莓50克，猕猴桃 50克

调料 苹果醋15克，沙拉酱5克

做法

❶ 香蕉去皮切小段；猕猴桃去皮切小块。

❷ 草莓用清水洗净，切成块。

❸ 将香蕉、猕猴桃、草莓装入玻璃杯中，淋入苹果醋，食用时添加沙拉酱即可。

芒果草莓沙拉 | 烹饪时间 5分钟

材料 草莓100克，蓝莓20克，芒果 50克

调料 柠檬汁适量，沙拉酱10克

做法

❶ 草莓洗净，对半切开，沥干水分。

❷ 蓝莓用清水洗净。

❸ 芒果洗净，去皮，去核，切成块。

❹ 取洗净的碗，装入以上所有食材。

❺ 淋入柠檬汁，拌入沙拉酱即可。

甜橙猕猴桃沙拉 | 烹饪时间 4分钟

材料 草莓、香蕉、猕猴桃、甜橙、青 柠檬、薄荷叶各40克

调料 白糖、苹果醋、沙拉酱各适量

做法

❶ 草莓洗净切半；香蕉去皮切片。

❷ 猕猴桃、青柠檬、甜橙均洗净， 切片；薄荷叶洗净，备用。

❸ 将草莓、香蕉、猕猴桃、薄荷 叶、青柠檬、甜橙放入碗中，加 入白糖、苹果醋，拌匀。

❹ 食用时依个人口味添加沙拉酱。

芒果猕猴桃沙拉 | 烹饪时间 5分钟

材料 香蕉30克，草莓30克，青提30克，芒果30克，石榴15克，葡萄柚果肉40克，猕猴桃40克，菠萝40克，薄荷叶5克

调料 白糖适量，鸡尾酒适量，盐适量

做法

❶ 菠萝洗净切小块，放在淡盐水中略泡；草莓洗净，去蒂；芒果去皮，切块；香蕉去皮，切块。

❷ 猕猴桃去皮切片，葡萄柚果肉掰成小瓣，石榴剥开取籽，青提洗净。

❸ 将上述水果放入碗中，撒上白糖。

❹ 淋入鸡尾酒，用洗净的薄荷叶装饰即可。

材料　猕猴桃30克
　　　香蕉30克
　　　柑橘40克
　　　柠檬20克
　　　葡萄柚50克

调料　沙拉酱20克

猕猴桃葡萄柚沙拉 | 烹饪时间 3分钟

做法

① 猕猴桃洗净切片；香蕉去皮切片；葡萄柚切成三角形。

② 柑橘剥皮；柠檬洗净，切片。

③ 将以上所有食材装入玻璃碗里。

④ 食用前将沙拉酱倒入碗中，拌匀后即可食用。

猕猴桃柠檬沙拉 | 烹饪时间 4分钟

材料 草莓60克，猕猴桃60克，柠檬20克，薄荷叶5克

调料 醋5克，蜂蜜8克，沙拉酱10克

做法 ————————————

❶ 草莓去蒂，洗净，切瓣。

❷ 猕猴桃去皮洗净，切片。

❸ 柠檬洗净，切小片。

❹ 薄荷叶洗净，择成小片。

❺ 将草莓、猕猴桃、柠檬、薄荷叶一同放入碗中。

❻ 淋入醋，浇上蜂蜜。

❼ 食用时加沙拉酱即可。

双桃芒果沙拉 |烹饪时间 4分钟

材料 杨桃40克，芒果40克，猕猴桃40克，核　　　**调料** 苹果醋适量
　　　桃仁10克，葡萄柚10克，酸奶10克

做法

❶ 芒果去皮，切片；猕猴桃去皮，切片；杨桃洗净，切片；葡萄柚洗净，
取果肉。

❷ 将葡萄柚、杨桃、猕猴桃、芒果、核桃仁一起放入玻璃杯中。

❸ 淋上适量的苹果醋，浇上酸奶即可食用。

圣女果黄桃沙拉

烹饪时间
4分钟

材料 圣女果100克，黄桃120克，奶
酪5克，罗勒叶少许

调料 棕榈糖3克，橄榄油5毫升

做法

① 圣女果洗净，切小块；黄桃去皮，洗净后切块；罗勒叶洗净。

② 将切好的圣女果、黄桃装入盘中，装饰上罗勒叶。

③ 奶酪刨丝，均匀撒在盘中。

④ 取小碟，倒入橄榄油，加入棕榈糖拌匀。

⑤ 将调好的橄榄油均匀地淋在食物上即可。

蜂蜜杏子沙拉 | 烹饪时间 6分钟

材料 杏子60克，糖渍草莓40克，薄荷叶5克

调料 蜂蜜10克，苹果醋适量

做法

❶ 杏子用刷子刷洗净表面的绒毛，再用清水冲洗片刻，对半切开，把没保留果核的部分再对半切开。

❷ 糖渍草莓洗净，去掉果蒂。

❸ 将杏子、糖渍草莓放入盘中，淋上蜂蜜、苹果醋，用洗净的薄荷叶点缀即可。

青红酸奶沙拉 | 烹饪时间 5分钟

材料 草莓50克，青提50克，苹果50克，西瓜50克，哈密瓜50克，薄荷叶5克，酸奶30克

调料 苹果醋适量

做法

❶ 草莓洗净，去蒂，对半切开；哈密瓜、西瓜均去皮，切块；苹果洗净，去核，切块；青提洗净。

❷ 将草莓、哈密瓜、西瓜、苹果、青提一同放入碗中。

❸ 加入洗净的薄荷叶，放入苹果醋，搅拌匀，浇上酸奶即可。

鲜果橙子沙拉 烹饪时间 6分钟

材料 橙子壳2个，猕猴桃20克，石榴籽20克，草莓20克，葡萄柚20克，黑加仑20克，青提20克，薄荷叶适量

调料 白糖5克，沙拉酱10克，柠檬汁适量，苹果醋适量

做法

① 猕猴桃洗净切片；草莓洗净，切块；青提洗净；葡萄柚取果肉；黑加仑洗净，切圈。

② 将所有水果装碗，淋入柠檬汁、苹果醋，加白糖拌匀。

③ 将拌好的水果放入橙子壳中，用薄荷叶点缀，食用时添加沙拉酱即可。

牛油果蛋黄酱沙拉 烹饪时间 13分钟

材料 牛油果100克

调料 蛋黄酱30克，细砂糖10克

做法

① 牛油果用清水冲洗干净，削去果皮，用刀把果肉一分为二，轻轻扭动两块果肉，去除果核。

② 再把牛油果果肉切成片状，码入盘中。

③ 在盘中撒上细砂糖，静置10分钟。

④ 根据自己的口味，淋上蛋黄酱即可食用。

无花果沙拉盏 | 烹饪时间 8分钟

材料 无花果80克，奶酪20克，核桃10克　　　**调料** 蜂蜜适量

做法

❶ 无花果用清水冲洗干净，切成瓣状。

❷ 切好的无花果装入纸杯中，分开果肉，摆好造型备用。

❸ 核桃去壳，剥出果仁，放入无花果中；奶酪用工具打至松软，放入无花果中。

❹ 再加入少许蜂蜜即可。

包菜莳萝开胃沙拉 | 烹饪时间 5分钟

材料 包菜150克，胡萝卜50克，芝麻菜20克，洋葱、葱韭、欧芹、莳萝各少许

调料 盐适量，橄榄油适量

做法 ─────────

① 将包菜洗净，先切成小段，再切成丝。

② 芝麻菜洗净，切成小段。

③ 胡萝卜洗净去皮，用工具刨成细丝。

④ 葱韭、欧芹、莳萝均洗净，切成碎。

⑤ 洋葱去皮洗净，切成末。

⑥ 将所有食材放入备好的大碗中。

⑦ 撒入盐，淋入橄榄油，搅拌均匀即可。

包菜紫甘蓝沙拉 | 烹饪时间 6分钟

材料 紫甘蓝70克，包菜30克，洋葱20克，莳萝少许

调料 橄榄油5毫升，醋、盐、白糖各适量

做法

❶ 紫甘蓝洗净，切丝；包菜择洗干净后切丝；莳萝洗净，沥干水分。

❷ 洋葱洗净，切圈，用沸水焯熟。

❸ 将上述食材摆入盘中。

❹ 淋入橄榄油和醋，撒入盐、白糖，搅拌均匀即可。

香芹红椒沙拉 | 烹饪时间 3分钟

材料 香芹叶40克，紫苏40克，菠菜叶40克，香葱15克，红椒15克

调料 沙拉酱5克，橄榄油5毫升，盐、油醋汁各适量

做法

❶ 香芹叶洗净；紫苏洗净，备用。

❷ 红椒洗净，切圈；香葱洗净，取葱白切碎。

❸ 菠菜叶洗净，备用。

❹ 将上述食材装盘，加入橄榄油、盐、油醋汁、沙拉酱拌匀即可。

小菘菜沙拉 烹饪时间 4分钟

材料 小菘菜120克，黄瓜30克，番茄30克，紫天葵20克，醋草适量，紫色欧洲菊苣适量

调料 橄榄油5毫升，醋、盐、白糖各适量

做法 ————————

❶ 小菘菜、紫天葵、醋草均洗净，沥干。

❷ 黄瓜洗净，切小块；番茄洗净，切块；紫色欧洲菊苣洗净切碎。

❸ 将上述食材均摆入碗中。

❹ 取一小碟，加入橄榄油、醋、盐、白糖，拌匀，调成料汁，淋在摆好的食材上即可。

胡萝卜苤蓝沙拉 | 烹饪时间 7分钟

材料 胡萝卜60克，苤蓝100克，葱花少许，松子少许

调料 橄榄油5毫升，盐2克，白糖2克，醋适量

做法

❶ 胡萝卜、苤蓝均洗净，去皮切丝。

❷ 松子去壳，将松仁取出，炒香。

❸ 水烧开，将胡萝卜丝和苤蓝丝焯熟。

❹ 将胡萝卜丝和苤蓝丝装入碗中，撒入少许葱花和松子。

❺ 加入盐、白糖、醋、橄榄油，拌匀。

胡萝卜豌豆沙拉 | 烹饪时间 6分钟

材料 胡萝卜100克，豌豆20克

调料 橄榄油5毫升，盐、食用油、白醋各适量

做法

❶ 胡萝卜用清水冲洗干净，切片备用。

❷ 豌豆洗净，备用。

❸ 锅中注水烧热，加入少许食用油，放入切好的胡萝卜片焯煮至熟，捞出，再倒入豌豆煮熟，捞出。

❹ 将食材装入碗里，加入橄榄油、盐和白醋，拌匀即可。

甜菜根豌豆沙拉 | 烹饪时间 6分钟

材料 甜菜根50克，胡萝卜50克，白萝卜50克，小葱50克，豌豆20克

调料 橄榄油5毫升，柠檬汁、盐、白糖、醋各适量

做法

❶ 甜菜根洗净，去皮，切丁；胡萝卜洗净，切丁；白萝卜洗净，切丁；小葱洗净，切丁。

❷ 豌豆洗净，放入锅中，炒熟。

❸ 取一玻璃碗，放入甜菜根丁、白萝卜丁、胡萝卜丁、豌豆。

❹ 取一小碟，加入橄榄油、柠檬汁、盐、白糖和醋，拌匀，调成料汁。

❺ 将料汁倒入食材里，撒上葱花拌匀，饰以小葱即可。

黄瓜甜菜根沙拉 | 烹饪时间 6分钟

材料 甜菜根80克，樱桃萝卜60克，黄瓜50克，洋葱10克，上海青10克

调料 色拉油、醋各适量，盐1克，胡椒粉、肉桂粉各少许

做法

❶ 甜菜根洗净，削去外皮，切成大小均匀的片状。

❷ 锅中注入适量清水，用大火烧开，倒入甜菜根氽煮至熟，捞出，沥干。

❸ 樱桃萝卜洗净，切薄片；黄瓜洗净，切片。

❹ 洋葱洗净，切丝；上海青择洗干净。

❺ 将上述食材依次摆入盘中。

❻ 取一小碗，倒入色拉油、醋、盐、胡椒粉、肉桂粉，拌匀，调成料汁。

❼ 待食用时，将调好的料汁淋在食材上即可。

南瓜花菜沙拉 烹饪时间 7分钟

材料 南瓜100克，花菜80克，南瓜子仁15克，薄荷叶5克

调料 盐、醋、橄榄油、沙拉酱各适量

做法

❶ 花菜洗净，掰成小朵；南瓜洗净，切成小块。

❷ 锅中注入适量清水，用大火烧开，倒入花菜，汆煮至熟，捞出沥干。

❸ 继续往沸水锅中倒入南瓜，汆煮至熟，捞出沥干。

❹ 将花菜和南瓜放入盘中，加入盐、橄榄油、醋，搅拌均匀。

❺ 拌匀的食材上撒上适量的南瓜子仁，用洗净的薄荷叶进行点缀。

❻ 食用时，再放入沙拉酱拌匀即可。

番茄玉米沙拉 | 烹饪时间 8分钟

材料 番茄1个，奎藜籽10克，玉米粒5克，胡萝卜粒5克，熟豌豆5克，罗勒叶适量

调料 橄榄油5毫升，盐、醋各适量

做法

❶ 番茄洗净，切去顶部，挖空；奎藜籽洗净，放入热水中煮软，捞出，沥干水分；玉米粒焯熟。

❷ 将所有食材放入番茄壳里，加入橄榄油、盐和醋，拌匀。

❸ 将罗勒叶摆成花瓣形作装饰，将番茄放在上面即可。

四素沙拉 | 烹饪时间 8分钟

材料 番茄200克，甜菜根15克，芝麻菜15克，豆瓣菜嫩苗15克，莳萝末少许，意大利乳清奶酪适量

调料 色拉油适量，盐、白糖各少许

做法

❶ 番茄洗净，将上部切去，掏尽瓤肉；芝麻菜、豆瓣菜嫩苗用清水洗净。

❷ 甜菜根洗净，削皮，切短条。

❸ 锅中注入适量清水烧开，倒入甜菜根汆煮至熟，捞出，沥干待用。

❹ 将芝麻菜铺在盘中，倒入色拉油、盐拌匀，再将番茄放在芝麻菜上，往番茄里放入适量甜菜根。

❺ 取一小碟，倒入意大利乳清奶酪，加少许白糖、莳萝末拌匀后舀入番茄内，饰以豆瓣菜嫩苗即可。

薄片沙拉 | 烹饪时间 6分钟

材料 黄瓜30克，樱桃萝卜40克，胡萝卜35克，蒜末适量

调料 色拉油5毫升，醋、白糖、盐各适量

做法 ————————————————————————————————

❶ 黄瓜洗净，用刨刀刨成薄片；胡萝卜洗净，也用刨刀刨成薄片；樱桃萝卜洗净，切成片。

❷ 将已经切好的黄瓜、胡萝卜、樱桃萝卜放入盘中。

❸ 倒入备好的色拉油、醋、蒜末、白糖、盐，拌匀即可。

材料 番茄120克
　　　黄瓜130克
　　　生菜100克

调料 柠檬汁20毫升
　　　蜂蜜5克
　　　白醋5毫升
　　　椰子油5毫升

综合沙拉 | 烹饪时间 5分钟

做法

❶ 洗净的黄瓜削皮，切片；洗好的番茄去蒂，切丁；洗净的生菜去根，切块。

❷ 取大碗，放入生菜、番茄、黄瓜，拌匀，装盘。

❸ 取小碗，倒入椰子油、柠檬汁、白醋、蜂蜜，拌匀，制成沙拉酱。

❹ 将沙拉酱装入一个方便倒取的小碗中，食用时淋在蔬菜上即可。

材料 奶酪10克

　　　　樱桃萝卜80克

　　　　黄瓜60克

　　　　茴香菜少许

　　　　香菜少许

　　　　莳萝末少许

　　　　香芹碎少许

调料 沙拉酱5克

　　　　醋适量

　　　　胡椒碎少许

时蔬沙拉 | 烹饪时间 3分钟

做法

❶ 奶酪切块；樱桃萝卜洗净，切丁。

❷ 黄瓜洗净，切条；茴香菜、香菜均洗净。

❸ 将奶酪、樱桃萝卜、黄瓜放在方形玻璃碗中。

❹ 另取一玻璃碗，倒入沙拉酱、醋。

❺ 再加入莳萝末、香芹碎、胡椒碎，搅拌均匀，制成酱料。

❻ 将调好的酱料倒在食材上，搅匀。

❼ 再将洗净的茴香菜、香菜插在沙拉上作为装饰。

材料 青橄榄80克
黄瓜90克
番茄60克
彩椒80克
洋葱50克
小油菜30克
奶酪80克
罗勒叶少许

调料 橄榄油10毫升
盐适量

蔬果橄榄奶酪沙拉 | 烹饪时间 4分钟

做法

① 青橄榄洗净，去核。

② 黄瓜洗净，切成片状；番茄洗净，切成瓣。

③ 彩椒、洋葱均洗净，切成丝。

④ 奶酪切成块；小油菜、罗勒叶均洗净。

⑤ 将处理好的所有食材装入碗中。

⑥ 淋上适量橄榄油，撒入适量盐。

⑦ 用勺子搅拌均匀即可。

菠萝苹果沙拉 | 烹饪时间 6分钟

材料 菠萝70克，苹果70克，芝麻菜 40克，菠菜40克，紫罗勒40 克，胡萝卜15克，石榴籽15克

调料 橄榄油10毫升，醋、盐、白糖 各适量

做法

❶ 菠萝去皮洗净，切块，放入淡盐水中略微泡一会儿。

❷ 苹果去皮洗净，去核后切片。

❸ 将芝麻菜、菠菜、紫罗勒均洗净，备用。

❹ 胡萝卜洗净，去皮切丝。

❺ 将上述食材均放入碗中。

❻ 加入盐、白糖；淋入橄榄油、醋，搅拌均匀。

❼ 最后撒上石榴籽装饰即可。

苹果葡萄柚沙拉 | 烹饪时间 5分钟

材料 葡萄柚60克，苹果30克，青枣30克，芝麻菜20克，核桃仁20克，紫罗勒叶10克

调料 盐、细砂糖、苹果醋各适量，沙拉酱10克

做法

❶ 葡萄柚去皮，取果肉。

❷ 苹果洗净，去核切片；青枣洗净，去核切片。

❸ 芝麻菜洗净，备用。

❹ 将苹果、青枣、芝麻菜、葡萄柚、核桃仁、紫罗勒叶放入盘中，撒上盐、细砂糖，淋上苹果醋，食用时再加沙拉酱拌匀即可。

苹果芒果沙拉 |烹饪时间 4分钟

材料 苹果50克，芒果50克，芝麻菜
　　 10克，奶酪10克

调料 橄榄油5毫升，盐适量

做法————————

❶ 将苹果洗净，去核切片；芒果洗
　 净，去核切块；芝麻菜洗净，沥
　 干水分。

❷ 取一盘，放入以上所有食材。

❸ 加入少许橄榄油、盐。

❹ 倒入适量奶酪，拌匀即可。

芝麻菜鲜梨沙拉 |烹饪时间 4分钟

材料 梨120克，芝麻菜30克

调料 橄榄油10毫升，沙拉酱15克，
　　 苹果醋适量

做法————————

❶ 梨放在水盆中洗净，去掉果皮，
　 果肉切小块。

❷ 芝麻菜洗净，切段。

❸ 梨、芝麻菜装入碗中，加入苹果
　 醋、橄榄油拌匀。

❹ 食用时，依据个人口味适量添加
　 沙拉酱即可。

罗勒香橙沙拉 | 烹饪时间 3分钟

材料 香橙100克，罗勒叶20克，洋葱 30克，白芝麻10克

调料 盐3克，白糖2克，白醋适量，橄榄油5毫升

做法 ────────

① 罗勒叶洗净，控干水分；洋葱洗净，切丝；香橙去皮，切片。

② 将罗勒叶、香橙片、洋葱丝放在盘中，加入盐、白糖、白醋、橄榄油，搅拌均匀。

③ 再均匀地撒上白芝麻即可。

橙子甜菜根沙拉

烹饪时间
6分钟

材料 橙子60克，甜菜根60克，莴笋叶10克，葱10克

调料 橄榄油5毫升，盐、油醋汁各适量

做法

❶ 莴笋叶、葱均洗净，切末；橙子去皮，切薄片。

❷ 甜菜根洗净去皮，切薄片，放入沸水中煮熟，捞出待用。

❸ 将橙子、甜菜根、莴笋叶均放入碗中，加入盐、油醋汁、橄榄油拌匀，撒上葱末即可。

甜橙核桃仁沙拉

烹饪时间
4分钟

材料 甜橙100克，核桃仁25克，芝麻菜40克，奶酪碎20克

调料 橄榄油8毫升

做法

❶ 甜橙用清水洗净，去掉果皮，果肉切成瓣。

❷ 芝麻菜用清水洗净，沥干水分。

❸ 取一盘，放入以上所有食材。

❹ 加入适量橄榄油，倒入奶酪碎和核桃仁，拌匀即可。

甜橙洋葱沙拉 | 烹饪时间 5分钟

材料 甜橙80克，洋葱50克，薄荷叶、茴香叶各少许

调料 盐、白糖、黑胡椒碎、橄榄油各适量

做法 ————

① 薄荷叶、茴香叶均洗净；甜橙去皮，取果肉，切片；洋葱去皮洗净，切丝，焯水至断生，捞出待用。

② 将洋葱、甜橙、薄荷叶、茴香叶装入容器中，加入盐、白糖、黑胡椒碎、橄榄油，拌匀即可。

调料　橘子30克
　　　樱桃萝卜20克
　　　番茄10克
　　　蓝莓10克
　　　荷兰芹少许
　　　黄瓜少许

调料　橄榄油5毫升
　　　盐适量
　　　白糖适量
　　　醋适量

甜橘沙拉 |烹饪时间 4分钟

做法

❶ 橘子洗净，切片；樱桃萝卜洗净，切片；番茄洗净，切片；黄瓜洗净，切片；蓝莓洗净。

❷ 取一盘，放入以上所有食材。

❸ 取一小碟，加入橄榄油、盐、白糖和醋，拌匀，调成料汁。

❹ 将料汁淋入食材后拌匀，装入盘中，装饰上荷兰芹即可。

牛油果沙拉

烹饪时间
8分钟

材料 牛油果300克，番茄65克，柠檬60克，青椒35克，红椒40克，洋葱40克，蒜末少许

调料 黑胡椒2克，橄榄油适量，盐适量

做法

❶洗净的青椒、红椒切开，去籽，切成条，再切丁。

❷去皮洗好的洋葱切块。

❸洗净的番茄切成小丁。

❹洗净的牛油果对半切开，去核挖瓤，留取牛油果盅备用，将瓤切碎。

❺取一个碗，放入洋葱、牛油果、番茄，再放入青椒、红椒、蒜末。

❻加入盐、黑胡椒、橄榄油，搅拌均匀。

❼将拌好的沙拉装入牛油果盅中。

❽挤上少许柠檬汁即可。

Tips

牛油果肉可以切碎一点，这样吃起来口感会更好。

牛油果葡萄柚沙拉

烹饪时间
6分钟

材料 牛油果120克，葡萄柚50克，洋葱 10克，青菜10克

调料 油醋汁适量，盐适量，沙拉酱5克

做法

1 牛油果洗净去皮，对半切开，去核，将一半的牛油果摆入盘中。

2 葡萄柚去皮，取果肉，掰成小块。

3 洋葱洗净，切成小粒。

4 将切成粒的洋葱放入加盐的沸水中焯至熟，捞出，沥干水分。

5 将葡萄柚、洋葱摆在牛油果上，淋上油醋汁，用洗净的青菜点缀。

6 食用时加入适量沙拉酱即可。

材料 番茄50克

牛油果50克

奶酪片20克

芝麻菜30克

石榴少许

调料 盐适量

白糖适量

醋适量

橄榄油适量

牛油果番茄沙拉 | 烹饪时间 5分钟

做法

1 番茄洗净切片；芝麻菜洗净。

2 牛油果洗净，去皮后切片；石榴剥开，取籽。

3 将上述食材和奶酪片放入盘中。

4 加入少许盐、白糖、醋、橄榄油拌匀即可。

无花果奶酪沙拉 |烹饪时间 |4分钟

材料 无花果80克，芝麻菜50克，干　　　　**调料** 橄榄油、醋、盐、细砂糖各适量
酪碎10克，核桃仁15克

做法 ────────────────────────────

❶ 无花果洗净，切成小瓣。

❷ 芝麻菜放入水中，清洗干净。

❸ 将芝麻菜、无花果、核桃仁、干酪碎放入盘中。

❹ 撒上备好的盐、细砂糖，搅拌均匀。

❺ 取碗，加入橄榄油、醋，调成酱汁。

❻ 酱汁与沙拉一同上桌，食用时，浇在沙拉上即可。

材料　无花果80克

苹果60克

蓝莓50克

奶酪20克

核桃仁10克

生菜10克

调料　沙拉酱5克

无花果蓝莓沙拉 烹饪时间 3分钟

做法

❶ 无花果洗净，切块。

❷ 生菜洗净，垫入杯中。

❸ 蓝莓洗净。

❹ 苹果洗净，切块。

❺ 将蓝莓、无花果、核桃仁、苹果、奶酪拌匀，装入杯中。

❻ 食用时淋上沙拉酱即可。

奶油土豆沙拉 | 烹饪时间 8分钟

材料 土豆160克，淡奶油10克，干香　　　**调料** 白糖适量，橄榄油10毫升
葱适量

做法 ────────

❶ 土豆洗净泥沙，削去外皮。

❷ 去皮的土豆切片，再切条，改切成均匀的块状。

❸ 锅中倒入适量清水，用大火烧开。

❹ 放入切好的土豆块，加入适量的淡奶油，搅拌均匀。

❺ 加入适量的白糖，煮至土豆熟透。

❻ 将煮熟的土豆捞出，放凉待用。

❼ 将放凉的土豆装入盘中，淋入橄榄油拌匀，撒上干香葱即可。

哈蜜瓜土豆泥沙拉 | 烹饪时间 10分钟

材料 哈密瓜500克，土豆100克，百　　　**调料** 橄榄油10毫升
里香、葱花各适量

做法

❶ 将哈密瓜洗净外皮，去掉瓤，用挖球器挖出部分果肉，堆放回果皮内。

❷ 将土豆洗净，去掉外皮，切成丁块。

❸ 将土豆放入锅中，加水捣煮成土豆泥，加入少许橄榄油拌匀。

❹ 把土豆泥填入哈密瓜皮内，点缀上洗净的百里香、葱花，食用时淋上橄
榄油即可。

土豆沙拉配鱼子沙拉酱 烹饪时间
12分钟

材料 豌豆50克，去皮胡萝卜130克，土豆200克，椰奶100毫升

调料 椰子油5毫升，鱼子酱50克

做法

❶ 去皮胡萝卜洗净，切丁。

❷ 洗净的土豆削皮，切丁。

❸ 锅中注入适量清水烧开，放入土豆、胡萝卜，倒入洗净的豌豆。

❹ 加盖，用大火煮开后转小火续煮5分钟至食材熟软。

❺ 揭盖，捞出煮好的食材，沥干水分，装碗，放凉即成土豆沙拉。

❻ 另取一碗，倒入椰子油、鱼子酱和椰奶。

❼ 搅拌均匀，制成鱼子沙拉酱。

❽ 将鱼子沙拉酱装入小碗中，食用时淋在装好盘的食材上即可。

Tips
切好的土豆要立即放入凉水中浸泡，以防氧化变黑。

玉米豌豆沙拉 | 烹饪时间 4分钟

材料 玉米50克，圣女果50克，豌豆 50克，罗勒叶少许

调料 橄榄油10毫升，盐、白糖、醋 各适量

做法

❶ 玉米洗净，蒸至熟，去芯，切成小块。

❷ 豌豆洗净，煮熟；洗净的圣女果从中间切开。

❸ 取一小碟，加入橄榄油、盐、白糖和醋，拌匀，调成酱汁。

❹ 将玉米、豌豆、圣女果倒入碗中，将拌好的酱汁淋在食材上，撒上罗勒叶即可。

玉米燕麦沙拉 | 烹饪时间 5分钟

材料 玉米50克，番茄50克，黄瓜30克，燕麦50克

调料 盐、酱油、醋各适量，沙拉酱20克

做法 ───────

① 取一锅，倒入水，放入玉米，汆煮一会儿至熟。

② 将煮熟的玉米捞出，掰成玉米粒。

③ 番茄洗净，先切瓣，再改切丁。

④ 黄瓜洗净，先切条，再改切丁。

⑤ 燕麦放入锅里，炒熟。

⑥ 取一碗，放入以上所有食材。

⑦ 拌入沙拉酱，加入盐、酱油和醋，拌匀即可食用。

材料 无花果50克
　　　紫薯50克
　　　蛋挞皮2个
　　　独行菜10克

调料 沙拉酱20克

无花果紫薯沙拉 |烹饪时间 10分钟

做法

❶ 将无花果洗净，切成小瓣。

❷ 紫薯洗净去皮，切块，待用。

❸ 锅中注入适量清水，用大火烧开。

❹ 倒入切块的紫薯，汆煮至熟，捞出，沥干待用。

❺ 独行菜洗净，备用。

❻ 将无花果、紫薯、独行菜放入蛋挞皮中。

❼ 淋上适量沙拉酱即可。

紫薯牛油果沙拉 | 烹饪时间 10分钟

材料 紫薯150克，牛油果100克，奶酪30
　　　克，熟松子10克，水芹10克

调料 红酒适量，橄榄油10毫升

做法—————————————————

❶ 水芹洗净切段；紫薯洗净；牛油果洗
　净切片。

❷ 蒸锅加水烧开，将紫薯入锅用大火蒸
　熟，取出，放凉后切成片。

❸ 将紫薯片与牛油果片分层摆成塔形，
　撒上熟松子，放上奶酪、水芹段，淋
　入红酒、橄榄油即可。

土豆鸡蛋包菜沙拉 | 烹饪时间 8分钟

材料 土豆150克，熟鸡蛋40克，圣女果2
　　　个，包菜2片

调料 沙拉酱10克

做法—————————————————

❶ 包菜洗净，铺入盘中；圣女果洗净，
　放入盘中；熟鸡蛋切瓣，摆入盘中。

❷ 土豆洗净，切成块状，倒入沸水锅
　中，煮至熟，捞出。

❸ 将土豆倒入碗中，倒入适量的沙拉酱
　搅拌均匀，拌好后盛入盘中即可。

双瓜鸡蛋沙拉 | 烹饪时间 7分钟

材料 西瓜、哈密瓜各60克，苹果30克，鸡蛋2个，生菜30克，胡萝卜20克

调料 白糖5克，沙拉酱10克，盐、苹果醋各适量

做法

① 生菜叶洗净，垫入盘底。

② 鸡蛋煮熟，切瓣，摆入盘中。

③ 胡萝卜去皮洗净，切薄片。

④ 西瓜、哈密瓜均取果肉，用挖球器挖小球；苹果洗净，去皮切丁。

⑤ 上述食材中加入盐、白糖、苹果醋拌匀，装入摆放鸡蛋和生菜的盘中，食用时加沙拉酱即可。

经典地中海沙拉 |烹饪时间 10分钟

材料 黄瓜100克，圣女果50克，鸡蛋60克，生菜20克，洋葱20克，彩椒30克，红椒圈少许

调料 苹果醋10毫升，盐3克

做法 ——

❶ 黄瓜洗净，切片；圣女果洗净，切瓣。

❷ 洋葱洗净，切成均匀的丝状。

❸ 彩椒洗净，切成均匀的条状。

❹ 生菜洗净，垫入准备好的盘子里。

❺ 锅中注入适量清水，放入鸡蛋煮至熟透。

❻ 捞出煮熟的鸡蛋，去掉蛋壳，切成均匀的四瓣。

❼ 将食材依次摆入盘中，淋入适量的苹果醋，撒上盐即可。

鹌鹑蛋玉米沙拉

烹饪时间
10分钟

材料 小油菜80克，圣女果50克，鹌
鹑蛋2个，玉米70克

调料 盐、食用油各适量

做法

❶ 小油菜摘洗干净，铺入盘底；圣女果洗净，切成片，铺在盘边。

❷ 锅中注入适量清水，放入鹌鹑蛋，小火煮熟，捞出。

❸ 另起锅，倒入清水煮开，加入食用油、玉米，煮至玉米熟透，捞出。

❹ 鹌鹑蛋去皮，对半切开，放入盘中，再将玉米粒剥下来，堆在盘中央，
撒上盐，食用时拌匀即可。

材料　豌豆50克
　　　鹌鹑蛋50克
　　　南瓜50克
　　　玉米粒50克
　　　白萝卜10克
　　　莳萝少许

调料　橄榄油10毫升
　　　盐适量
　　　醋适量

豌豆鹌鹑蛋沙拉 | 烹饪时间 12分钟

做法

❶ 锅中注入适量清水烧开，放入洗净的豌豆、玉米粒，余煮一会儿至熟，捞出，沥干，装盘待用。

❷ 鹌鹑蛋放入水中煮熟，捞出，放凉后剥壳，切成小瓣。

❸ 白萝卜洗净，切条，倒入沸水锅中，焯水片刻，捞出。

❹ 南瓜去皮，切丁，倒入沸水锅中，焯水片刻，捞出。

❺ 将以上所有食材装入碗里。

❻ 加入橄榄油、盐、醋搅拌均匀，再用莳萝点缀即可。

鸡肉葡萄柚沙拉 | 烹饪时间 13分钟

材料 鸡肉60克，葡萄柚80克，芝麻菜 20克，生菜20克，紫罗勒20克

调料 胡椒粉、盐、橄榄油、蛋黄酱各 适量

做法

1. 鸡肉洗净，装入烤盘中。
2. 撒上胡椒粉、盐，淋上适量橄榄油，拌匀，腌渍至入味。
3. 放入预热好的烤箱中，烘烤至熟透。
4. 将烤好的鸡肉取出，切成均匀的小块。
5. 将芝麻菜、生菜、紫罗勒均洗净，备用。
6. 葡萄柚去皮，取果肉备用。
7. 将鸡肉、芝麻菜、生菜、紫罗勒、葡萄柚一同放入盘中，食用时加入蛋黄酱即可。

土豆豆角金枪鱼沙拉 |烹饪时间 10分钟

材料 土豆块150克，豆角50克，番茄50克，芝麻菜30克，金枪鱼肉80克，香草碎少许

调料 橄榄油3毫升，盐2克，白糖2克，胡椒粉少许

做法

① 将备好的豆角洗净，择好。

② 备好的番茄洗净，先对半切开，再均匀切块。

③ 将芝麻菜洗净，沥干水，备用。

④ 取碗，装入处理好的番茄、芝麻菜、金枪鱼肉。

⑤ 将土豆、豆角放入沸水中焯熟，捞出待凉，装入碗中。

⑥ 取一小碟，加入橄榄油、盐、白糖、胡椒粉、香草碎拌匀，调成味汁，淋在食材上即可。

鲜虾牛油果椰子油沙拉

烹饪时间
13分钟

材料 洋葱50克，牛油果1个，鲜虾仁70克，蒜末10克

调料 盐2克，胡椒粉4克，柠檬汁6毫升，椰子油5毫升，朗姆酒5毫升，食用油500毫升，椰子油沙拉酱60克

做法

1. 洗净的洋葱切片。
2. 洗净的牛油果去皮、核，切块，与柠檬汁拌匀。
3. 锅中倒入椰子油烧热，放入蒜末爆香，倒入处理干净的虾仁，炒半分钟至转色，加盐、胡椒粉调味。
4. 盛出，装碗，放入朗姆酒，拌匀待用。
5. 碗中放入牛油果、洋葱片、椰子油沙拉酱，拌匀。
6. 倒入烧至六成热的油锅中，炸至外表金黄，捞出，沥干油分，装盘即可。

海藻沙拉 |烹饪时间 12分钟

材料 内酯豆腐1块，海藻15克，芝麻菜10克，菠菜15克，面包片少许，白芝麻、黑芝麻各少许

调料 橄榄油、醋、食用油各适量，盐少许

做法

1 锅中注入适量清水烧开，倒入洗净的芝麻菜汆煮至断生，捞出。

2 继续往开水锅中倒入洗净的菠菜，汆煮至断生，捞出。

3 热锅注油，烧至六成热，加少许盐，放入内酯豆腐。

4 将豆腐煎至两面金黄，盛入备好的盘中。

5 将面包片放入预热好的烤箱内，烤至酥脆。

6 将海藻放到豆腐上，放上烤面包片，再放上菠菜。

7 放上芝麻菜，撒上白芝麻、黑芝麻、盐，淋上橄榄油、醋即可。

芦笋鸡蛋沙拉 | 烹饪时间 10分钟

材料 鸡蛋1个，芦笋75克，面包块15克，生菜少许

调料 橄榄油5毫升，沙拉酱5克，盐适量

做法

❶ 鸡蛋放入锅中，煮约7分钟，取出，剥去壳后对半切开。

❷ 生菜洗净，垫入盘底。

❸ 芦笋洗净，放入沸水锅中，加盐，焯水至熟，捞出，沥干水分。

❹ 将鸡蛋、芦笋放入生菜盘中，淋上橄榄油，撒上面包块，食用时，放入沙拉酱拌匀即可。

生菜面包早餐沙拉 | 烹饪时间 5分钟

材料 全麦面包90克，生菜100克，白菜50克，奶酪20克

调料 盐适量

做法

❶ 生菜、白菜均洗净，撕成大片。

❷ 全麦面包切小块。

❸ 奶酪用工具擦成丝状。

❹ 将处理好的全麦面包、生菜、白菜、奶酪放入盘中，撒上少许盐，拌匀即可。

蔬果面包早餐沙拉 | 烹饪时间 7分钟

材料 生菜150克，紫甘蓝30克，全麦面包 30克，圣女果25克，胡萝卜10克，黄 油适量，干香葱适量

调料 盐适量

做法

❶ 准备好的全麦面包切块。

❷ 紫甘蓝洗净，切丝；生菜洗净，撕成片。

❸ 胡萝卜洗净，切丝；圣女果洗净。

❹ 取平底锅，放入黄油，缓慢加热至融化。

❺ 放上全麦面包，撒上盐、干香葱，煎至面包变黄，取出。

❻ 取一盘，放入处理好的蔬果和面包。

❼ 撒上适量的盐，搅拌均匀即可食用。

材料 全麦面包2片
　　　 樱桃萝卜100克
　　　 独行菜适量

调料 奶油酱15克

风味樱桃萝卜沙拉 | 烹饪时间 6分钟

做法

1. 樱桃萝卜用清水冲洗干净，切片，备用。
2. 独行菜用清水冲洗干净，沥干水分，备用。
3. 在全麦面包上抹上适量奶油酱。
4. 然后在奶油酱上摆上樱桃萝卜。
5. 最后在沙拉上饰以独行菜即可。

荞麦面包沙拉 烹饪时间
12分钟

材料 荞麦面包100克，黄瓜50克，生菜50克，熟玉米笋2根，番茄少许，柠檬少许，黑芝麻少许

调料 柠檬汁、白糖、醋各适量

做法 ———————

❶ 黄瓜洗净，切片；番茄洗净，切片。

❷ 柠檬洗净，切片；荞麦面包切块。

❸ 生菜择洗干净，取一碗，铺在碗底，再将所有食材放入碗里。

❹ 加入柠檬汁、白糖和醋，撒上黑芝麻，拌匀即可。

燕麦沙拉 | 烹饪时间 8分钟

材料 燕麦50克，樱桃萝卜20克，烤面包50克，香菜5克

调料 盐、酱油、醋各少许，沙拉酱10克

做法 ───

❶ 香菜洗净沥干；樱桃萝卜洗净切片；烤面包切块。

❷ 燕麦放入锅里，炒熟。

❸ 取一碗，放入燕麦、樱桃萝卜和烤面包。

❹ 加入沙拉酱、盐、酱油、醋，拌匀，点缀上香菜即可。

牛油果蟹肉棒沙拉

材料　法式面包40克，蟹肉棒80克，
　　　白洋葱60克，牛油果180克，
　　　圣女果40克，凉开水50毫升

调料　柠檬汁10毫升，椰子油10毫
　　　升，生抽5毫升，咖喱粉5克，
　　　盐2克，黑胡椒粉5克

做法

 ❶ 洗净的圣女果对切；洗好的白洋葱切丝；蟹肉棒撕成丝；洗净的牛油果去皮、核，切块。

 ❷ 干榨杯中放入一半牛油果，加入柠檬汁，倒入50毫升凉开水。

 ❸ 搅拌约20秒，打成牛油果泥，装碗，待用。

 ❹ 锅置火上，倒入椰子油烧热，倒入蟹肉棒、白洋葱，炒半分钟至转色。

 ❺ 加入生抽，炒匀，盛出装碗。

 ❻ 取大碗，放入另一半牛油果、咖喱粉、盐、黑胡椒粉、炒好的食材和牛油果泥，拌匀。

 ❼ 将沙拉装盘，放上圣女果。

 ❽ 取适量沙拉抹在法式面包上，装盘即可。

Tips
牛油果打开后必须吃新鲜的，否则很快会氧化变黄，营养流失。

蔬果螺旋粉沙拉 烹饪时间
7分钟

材料 螺旋粉70克，圣女果80克，西蓝花100克，花菜50克，果冻块50克，黑橄榄30克，奶酪适量

调料 盐、橄榄油各适量

做法 ────────

① 把洗净的圣女果、西蓝花、花菜、黑橄榄均切成小块。

② 锅中注水烧开，倒入西蓝花、花菜。

③ 将西蓝花、花菜煮约1分钟至熟，捞出，沥干备用。

④ 倒入螺旋粉煮约1分钟至熟，捞出备用。

⑤ 把螺旋粉、圣女果、西蓝花、花菜、果冻块、黑橄榄、奶酪装入玻璃碗中。

⑥ 玻璃碗中加入盐、橄榄油，搅拌均匀，装入盘中即可。